南华大学核类规划教材

核化工实验教程

主编　彭安国　唐　泉

中国原子能出版社

图书在版编目（CIP）数据

核化工实验教程 / 彭安国，唐泉主编．
—北京：中国原子能出版社，2014. 7
ISBN 978-7-5022-5853-5

Ⅰ. ①核… Ⅱ. ①彭… ②唐… Ⅲ. ①核化学—化学实验—教材 Ⅳ. ①O615. 5-33

中国版本图书馆 CIP 数据核字(2013)第 048203 号

内容简介

本书是针对核化工与核燃料工程等核类专业编写的一个实验教材，主要分为两个部分，第一部分是基础放射化学实验部分，介绍了放射化学实验的基本特点、放射化学安全防护和基本操作及放射源的分装与测量、一些放射性核素的分离等基础的放射化学实验。第二部分是专业实验部分，介绍了铀、镧在 30% TBP-煤油中分配系数的测定、铀矿石中含铀量的测定、废水总 α 放射性的测定、医用核素发生器（母牛）的应用、离子交换树脂吸附和淋洗铀等综合性比较强的专业性实验。编写时，注重学生分析问题、解决问题及创新意识能力的培养，努力做到实验原理简明扼要，实验内容反映专业及学科特点、实验计算有理有据，思考题层次分明。

本书可作为高等院校及研究所等单位的核化工、核燃料循环、核工程、核技术、放射化学等专业或方向的本科生及研究生的实验课程用书及参考教材，也可供科研相关人员参考。

核化工实验教程

出版发行 中国原子能出版社（北京市海淀区阜成路 43 号 100048）
责任编辑 曹 晨
装帧设计 崔 彤
责任印制 潘玉玲
印　　刷 保定市中画美凯印刷有限公司
经　　销 全国新华书店
开　　本 787 mm×1092 mm 1/16
印　　张 9
字　　数 225 千字
版　　次 2014 年 7 月第 1 版 2014 年 7 月第 1 次印刷
书　　号 ISBN 978-7-5022-5853-5 **定 价 34.00 元**

网址：http://www.aep.com.cn **E-mail：atomep123@126.com**
发行电话：010-68452845

前　言

本书是在以往的放射化学实验教材以及编者的多年实验教学的基础上完成的，可供核化工与核燃料工程、核工程与核技术、辐射防护等专业或者其他相关专业的本科生及研究生使用。本书编写日的是给学生提供实验的基本原理和步骤，为放射性样品等的分析操作提供实验参考。

本书主要分为两个部分，第一部分为基础放射化学实验部分，介绍了放射化学实验的基本特点、放射化学实验的安全防护和基本操作及部分基础实验，如放射源的分装与测量、点源的制备及放射性溶液浓度的测定等；第二部分为专业实验部分，介绍了一些放射性核素的分离、鉴定和测定的基础知识、实验原理和实验方法。希望通过基础和专业两种实验内容的教学，更好地达到以下目的：

（1）使学生巩固并加深对基本概念和基本原理的理解。

（2）使学生掌握实验的基本操作知识和技能。

（3）使学生学会正确地使用常用基本仪器，能正确地处理数据和表达实验结果。

（4）使学生掌握一些放射性物质的分离、提纯和检验方法。

（5）培养学生独立思考问题、分析问题、解决问题的能力。

（6）培养学生实事求是、严谨认真的科学态度，整洁、卫生的良好习惯，为继续学好相关课程及今后参加实际工作和开展科学研究打下良好的基础。

本书由彭安国博士和唐泉博士主编定稿，其中，基础放射化学实验部分由唐泉博士负责编写，专业实验部分由彭安国、肖静水、付万发、毛拥军、肖志海、匡汀等教师共同编写完成。

本书由夏良树教授主审，他对本书内容的修改、完善提出了宝贵的意见，在此表示感谢。另外在本书编写过程中，得到了南华大学教务处和南华大学核科学技术学院的大力支持，同时，南华大学核科学技术学院相关老师为本书编写提供了很多相关资料和数据以及宝贵的建议，在此表示诚挚的谢意。

本书的编写出版得到了南华大学核类教材出版基金和湖南省优势特色重点学科核科学与技术的经费支持，在此表示感谢。由于编者水平有限，加之时间比较匆忙，书中的缺点和错误在所难免，敬请有关专家、同行和读者批评指正。

编　者
2014 年 2 月

目　录

第一部分

基础放射化学实验

第1章　放射化学实验的基本特点

1.1　放射化学实验的基本特点

放射化学是化学的一个分支，化学是研究原子中核外电子的转移或相互作用所引起的化学效应，并不涉及原子核的变化，而放射化学所研究的问题则与原子核的变化有着密切的关系。放射化学主要是研究放射性核素和核转变产物的化学性质和行为，研究它们的制备、分离、纯化及鉴定方法；研究放射性标记化合物的合成和性质；研究放射性核素及其标记化合物在化学、生物、医学和其他科学技术领域，以及在工、农业生产中的应用等。因此，放射化学实验研究的对象主要是放射性核素，它除了具有与一般化学实验共同点之外，还具有以下3个主要特点。

1.1.1　放射性

有许多天然的和人工生产的核素都能自发地发射各种射线。有的发射α射线，有的发射β射线，有的发射α或β射线的同时还发射γ射线，有的3种射线都有。此外，还有发射正电子、质子、中子等其他粒子。原子核自发地发射各种射线的现象，称为放射性。能自发地发射各种射线的核素称为放射性核素，如^{3}H、^{14}C、^{90}Sr、^{137}Cs、^{226}Ra、^{238}U、^{239}Pu等。如果某种元素的所有核素都具有放射性，则称该元素为放射性元素，如锝、钷、氡、镭、铀、镎、钚等。

放射性是放射性核素的固有性质，不受其化学状态的影响。在参与化学反应过程中，放射性核素按其固定的速率进行衰变而放出带电射线或不带电射线。这是放射化学最重要的特点。因此，在放射化学中，对放射性核素在化学变化中的行为，它们的含量，纯度的鉴定等常常是通过测量它们所放出的射线来研究的。这就形成了放射化学所特有的实验方法。

随着核辐射测量技术的高速发展，放射化学分析方法的灵敏度远远超过一般化学分析。例如，在普通的化学分析中，重量法和容量法的灵敏度仅为$10^{-5}\sim10^{-4}$ g；灵敏度较高的光谱分析，其检出极限为$10^{-9}\sim10^{-8}$ g；最灵敏的荧光法的检出极限也仅为$10^{-10}\sim10^{-9}$ g；而在放射化学的研究中，测量和鉴定浓度低至10^{-20} mol/L的核素则是经常的。例如，利用放射性测量技术，曾成功地鉴定了由离子交换色层分离所得的数千个原子的98号元素锎，以及仅有17个原子的101号元素钔。在特殊情况下，采用特别灵敏的探测技术（如核乳胶技术）还可以探测到几个原子的存在。此外，利用放射性核素发射的射线还可以对被研究的物质进行“跟踪”，能揭示原子、分子的运动规律，这样就有可能观察整个化学反应中的每个过程，而这在一般化学实验中是难以做到的。

但是，射线的存在也带来不利的一面。在处理强放射性物质时，必须考虑到由此所引起的辐射化学效应。例如，在强放射性物质的水溶液中，由于水的辐射分解，产生许多还原性产物（如e_{aq}^{-}、H·和H_2）和氧化性产物（如HO·、HO_2·和H_2O_2），它们在溶液中能与溶质发生不同的化学反应，从而引起放射性核素的状态和行为的变化。在化学分离中，萃取剂或离子交换树脂在强辐射的作用下，也会产生辐射分解，这对化学分离是不利的。另外，放射性核素放出的射线对人体有一定的危害作用。因此，在进行放射化学实验之前，必须了解所用放射性核素的核性质、毒性以及应采取的防护措施；在实验工作中必须严格遵守放射性安全防护规定；在操作强放射性核素前，为了防止发生意外事故，应先用非放射性物质进行模拟试验（即冷试验）；同时每步操作必须谨慎小心，防止放射性核素的附壁效应，尽可能减少容器和设备的放射性沾污；放射性废物不可随意丢弃，必须妥善存放或回收处理。这些都是放射性给实验工作带来的很多特殊要求。

1.1.2 不恒定性

在一般的化学研究中，所研究的元素或化合物，只要使其存在的外界条件不发生变化，它是恒定的。而在放射化学的研究中，放射性核素是主要的研究对象，即使在外界条件不发生任何变化的情况下，它也按其固有的规律和速度发生衰变，母体不断减少，子体逐渐增加，这就使体系的组成不恒定和复杂化。因此，在研究过程中，既要考虑母体因衰变而发生量的减少，又要注意到由母体衰变来的一系列子体造成的影响。

由于体系的组成是不断地改变的，在放射化学研究中若采用一般化学中所用的纯度概念和标准，已不足以说明问题。因而在放射化学的研究中，表示放射性物质纯度，通常采用“放射性纯”和“放射化学纯”这一纯度概念和标准。放射性纯度是指在含有某种特定放射性核素的物质中，该核素的放射性活度对该物质中所有放射性核素的活度总和的比值。如果某放射源纯度很高，就是说其中除了所需的某种放射性核素及其子体外，不含其他放射性核素，即使含有其他放射性核素，其量很少，不能测量出来。放射性纯的标准是从是否存在放射性杂质，而不是从化学成分这一角度来衡量的，即它与放射性物质中的放射性核素的量有关，而与其中的稳定核素的量无关。因此若有少量非放射性杂质引入，并不影响“放射性纯”的变化。例如：在^{144}Ce放射性核素中带有少量的^{141}Ce放射性核素，则此体系就不是“放射性纯”的。相反，在^{144}Ce中带进少量的稳定铈或其他稳定元素，则此体系仍然是“放射性纯”的。在放射化学的研究中，经常严格要求的是“放射性纯”，对“化学纯”的要求可视具体情况而定。

“放射化学纯”，它是指在一种放射性制剂中，以某种特定的化合物或化学形态存在的放射性占该核素总放射性的百分数，例如：在医用^{131}I-NaI注射液中，除了需要的I^-化学状态之外，可能还有少量的I_2、IO_3^-、IO_4^-等化学状态存在。如某医用^{131}I-NaI注射液中标明I^-的放射化学纯度≥98%，即表示该注射液中^{131}I以I^-离子状态存在的占^{131}I总放射性的98%以上。

放射性核素的不恒定性，使得放射性核素的制备、分离和纯化工作与普通元素有所不同。在进行各种化学操作和放射性测量时，必须考虑到时间因素，设计相应的实验方案。对于短半衰期的放射性核素，这种不恒定性的影响更为显著。实验方法应快速有效，必须在几分钟、几秒钟甚至更短时间内完成，这就要求采用相应的快速分离和鉴定方法，并应用衰变规律进行各种时间因素的修正。例如，利用^{68}Ga对人体脏器进行正电子扫描时，由于^{68}Ga的半衰期仅为68.1 min，在操作时必须先做好一切准备工作，然后再从^{68}Ge-^{68}Ga核素发生器中淋洗出^{68}Ga，立即配制成扫描剂给病人注射，并及时进行扫描，方可得到清晰的扫描图像。但是，对于半衰期相当长的放射性核素，在实验中它们的不恒定性一般可以不予考虑，如从环境样品中分离、浓集并测量^{238}U、^{232}Th、^{226}Ra等长寿命的放射性核素，可以不用考虑其放射性衰变修正。

1.1.3　微量和低浓

在放射化学研究中，通常遇到的放射性物质的量是极少的。迄今为止，除对铀、钍、钚等少数几种放射性物质有常量操作之外，绝大多数是在低浓度和微量的条件下操作的，这是放射化学的又一特点。在普通的化学分析中，操作物质的量一般都在毫克量级以上，微克量级算是微量了。但是在放射化学的操作中，放射性核素的量要比微克量级低得多。此时，放射性核素的量一般用放射性活度来表示，放射性核素的活度与质量的转换关系如下式：

$$A=\lambda N=\frac{\ln 2}{T}\times\frac{m}{M}\times L$$

式中：A为放射性核素的活度，Bq；λ为放射性核素的衰变常数，1/s；N为放射性核素的原子数；T为放射性核素的半衰期，s；m、M为放射性核素的质量及摩尔质量，g；L为阿伏加德罗常数。

例如，在实验室中经常使用和操作放射性活度为10^4 dpm的放射性核素，将它们换算成相应的质量和摩尔数，如表1.1所列。

表1.1　活度为10^4 dpm的某些放射性核素所对应的量

核素	半衰期	质量/g	摩尔数/mol
^{226}Ra	1 602 a	4.56×10^{-9}	2.02×10^{-11}
^{210}Po	138.4 d	1.00×10^{-12}	4.77×10^{-15}
^{239}Pu	2.44×10^4 a	7.35×10^{-8}	3.07×10^{-10}
^{90}Sr	28.8 a	3.27×10^{-11}	3.54×10^{-13}
^{144}Ce	284.2 d	1.41×10^{-12}	9.81×10^{-15}
^{32}P	14.26 d	1.58×10^{-14}	4.92×10^{-16}
^{208}Tl	3.1 min	1.54×10^{-17}	7.43×10^{-20}

从表1.1中可见，它们的量都是非常少的，其溶液浓度往往极低。因此，放射性溶液的浓度不能用普通化学中的摩尔浓度、当量浓度或克/升等单位来表示，而是用放射性浓度或比活度来表示。放射性浓度就是放射性溶液、放射性气体单位体积内所含的放射性活度，其单位常用Bq/mL、Bq/L、Bq/m^3等来表示。对于含载体的固体放射性物质则用比活度来表示，放射性比活度即单位质量放射性样品中该核素的活度，其单位常常用Bq/mg、Bq/g、Bq/kg等来表示。其实，活度是一个很小的物理量，在工业生产及科学研究中人们常用到很大的活度量时，则用kBq（10^3 Bq）、MBq（10^6 Bq）、GBq（10^9 Bq）、TBq（10^{12} Bq）等来表示，有时甚至用PBq（10^{15} Bq）及EBq（10^{18} Bq）量级。

1.2 低浓度放射性溶液在实验中出现的某些特殊问题

在放射化学实验及研究过程中，一般情况下，放射性核素处于低浓度和微量甚至是超微量的范围内，低浓度的放射性核素往往具有某些特殊的物理化学行为。如容易形成放射性胶体溶液和放射性气溶胶，易被吸附在器皿壁或其他固体物质上以及可被常量物质的沉淀所载带和吸附等。如对它的特殊性不加注意，在操作中容易引起各种实验误差。例如，低浓度的某些放射性溶液容易形成放射性胶体，在容器表面可能因产生放射性吸附而造成丢失或放射性核素的价态可能发生改变等，这些都必须在实验中引起注意。

1.2.1 放射性胶体的形成及其防止

当放射性物质以 1～100 nm 的粒径分散于液相（通常为水溶液）之中时，就会形成放射性胶体溶液。在常量情况下，两种电解质如果能形成难溶化合物，通常它就以结晶或无定形沉淀自溶液中沉淀出来。但是微量的放射性物质却不是这样，将沉淀剂加入到 10^{-20}～10^{-10} mol/L 的放射性溶液里，使放射性物质直接沉淀出来是困难的，因为放射性核素的浓度太低，在加入沉淀剂时，往往不可能达到它们的溶度积，即使达到溶度积也因浓度太低，生成的结晶中心不可能长大聚集成大的沉淀形式析出，而是聚合成直径约为 10^{-9} m 数量级的胶粒分散在溶液之中，形成放射性胶体。这种胶体称为放射性真胶体。由于这种真胶体粒子很小，因此用普通离心法（3 000～6 000 r/min）不能使它沉淀，只有在约 10^5 g（g 为重力加速度）的离心力场中才能使它有显著的沉降速度。当溶液中存在着杂质胶粒时，放射性物质吸附在这些杂质胶粒上也能形成放射性胶体，称为放射性假胶体。它的胶粒直径比真胶体大，可以用普通离心法使它沉淀。不管哪一种胶体，它的形成都是放射性物质在低浓度情况下的一个特殊问题。当放射性核素处于胶体状态时，往往表现出许多和它处在离子（或分子）状态时很不相同的性质，会使它的离子交换、萃取、电化学沉积等发生反常的行为，给工作带来不少困难，使实验结果缺乏重复性，因此掌握胶体形成和消失的条件，对于获得正确的实验结果是很重要的。

放射性胶体的形成与下述因素有关：

1）放射性核素在溶液中水解或形成难溶化合物的趋势越大，则越有利于放射性胶体的形成。相反如在溶液中有能与放射性核素形成可溶性络合物的物质时，则可防止胶体的生成。

2）在溶液中其他悬浮粒子的存在将有助于放射性胶体的形成。悬浮粒子越多，越有利于胶体的形成。

3）体系中电解质的影响是非常复杂的，它可以使放射性胶体发生凝聚、胶溶和改变电荷等。一般情况下，在低酸度体系中胶体易于生成，而在高酸度或有强电解质存在的体系中胶体不易生成。

4）溶剂性质和溶液存放时间对放射性胶体的形成亦有影响。例如无载体铅和铋在丙酮和二氧六环中不形成胶体，而在甲醇、乙醇、苯和水中都呈现胶体性质。新制备的钋在 10^{-5} mol/L 的硝酸溶液中，用离心法分离可得到 35％钋是以胶态存在，若放置 45 d 后离心分离，则可得71%的钋以胶态存在。

因此，在设计实验方案时，应当注意不造成有利于胶体形成的条件。从实践中发现，有两种防止胶体形成的方法是有效的：第一，保持溶液为酸性。对于多数元素，增加溶液中 H^+ 离子浓度能使胶体形成的程度急剧降低，对于容易水解的元素也是如此，例如，在0.1 mol/L HCl溶液中，铋已不形成胶体。第二，加入络合剂，例如在ThB-ThC溶液中，柠檬酸盐的浓度为 10^{-5} mol/L时，58.2%的ThB（^{212}Pb）和71.1%ThC（^{212}Bi）呈胶体状态，如果柠檬酸盐的浓度增加到 10^{-2} mol/L，则呈胶态的ThB只有5.4%。

若放射性核素以极小微粒（1～100 nm）形式分散在空气中则形成放射性气溶胶。放射性气溶胶有两种形成方式：一种是由放射性核素的分子或原子形成聚集体而悬浮于空气中，若气体中有极性分子或如水分子等存在，则这些气溶胶粒子可被极性分子包围而更趋稳定。另一种形成方式是放射性核素吸附在悬浮于气体中的杂质微粒上，如 ^{222}Rn 脱离其母体进入大气中，其衰变产生的一系列子体——^{218}Po、^{214}Pb、^{214}Bi、^{214}Po、^{210}Pb 等极易与悬浮于空气中的微小颗粒物结合形成放射性气溶胶。放射性气溶胶具有强的电离效应，当它经呼吸道进入人体内时，胶粒所放射的射线能使体内的水分子或其他分子发生激发和电离，引起生物效应而造成危害。因此，放射性气溶胶会造成严重的环境污染和人体损害，是放射化学工作中一个重要问题，应尽量防止放射性气溶胶的产生。必须经常对放射性工作场所的大气进行监测，对放射性气溶胶进行治理和采取防护措施。

形成放射性气溶胶的原因，一般有以下几种：

1）在放射性物质的研磨、粉碎、过筛、放射性溶液的煮沸和蒸发等过程中，放射性微粒扩散到空气中形成气溶胶。

2）3个天然放射系中的射气，即以 ^{238}U 为母体的铀系（$4n+2$ 系）产生的 ^{222}Rn、以 ^{232}Th 为母体的钍系（$4n$ 系）产生的 ^{220}Rn 及以 ^{235}U 为母体的锕系（$4n+3$ 系）产生的 ^{219}Rn，这些放射性气体以及它们的放射性子体和周围空气中的杂质结合在一起形成放射性气溶胶。

3）放射性核素在空气中衰变时所产生的反冲原子亦能生成气溶胶，即使反冲原子是非放射性核素，在α衰变的过程中，当反冲原子飞出时，往往也会把放射性物质一起带出来，在空气中形成放射性气溶胶，尤其像 ^{239}Pu 等极毒的放射性核素，反冲形成放射性气溶胶的问题必须特别重视。

4）核工业设施排放的放射性废气，大气层核爆炸产生的放射性散落物。

为了防止或减少放射性气溶胶的生成，放射性物质必须保存在密闭的容器内。可能产生放射性气溶胶的操作应在手套箱或通风柜内进行，工作人员应戴口罩。

1.2.2 放射化学实验中载体的使用

在放射化学的研究中，所用的放射性核素的量都是极其微量的。即使原来在常量情况下能生成难溶化合物的元素，在这样低浓、微量情况下，往往只能生成胶体，而得不到正常的沉淀。因此为了研究某种放射性核素的化学性质和行为，或分析测定其在样品中的含量，以及将它们从复杂体系中进行分离时，常常需要加入一些常量物质，对微量的放射性核素起到载带作用，这种常量物质称为载体。载体是在化学性质上与被研究的放射性核素相同或相似的物质，两者在整个化学过程中应具有相同的化学行为。因此只有两类物质可作为载体，一是放射性核素的稳定同位素，一是放射性核素的化学类似物。用稳定同位素作为载体的称为同位素载体，如分离样品中的^{137}Cs时，加入的稳定铯（^{133}Cs）；以化学类似物作载体的称为非同位素载体，如分离样品中的^{226}Ra时，加入的稳定钡。由于在化学分离过程中同位素载体与被分离核素具有一样的化学行为，因此，放射性核素的化学回收率与载体的化学回收率Y是相等的。化学回收率Y的定义是：

$$Y=\frac{\text{分离出来的载体量}}{\text{加入的载体量}}$$

在化学分离过程，加入已知量的载体，并测定分离出来的载体量，即可计算出Y值。因此，可根据载体的化学回收率来确定分离过程中放射性核素的损失量，从而求出样品中放射性核素的原始量。这一方法在放射化学分离分析中有着重要的意义，对于某些难以定量分离的核素，只要分离出一部分纯物质，并测定分离出来的这一部分核素的量（放射性活度），同时根据测得的载体化学回收率Y，即可准确求出样品中该核素的原始量（总放射性活度），这样便可简化分离分析实验的程序。

在复杂体系中分离某一放射性物质时，除了加入欲分离核素的载体之外，有时为了减少体系中其他放射性杂质的夹带，还加入这些杂质的化学类似物或稳定同位素，使分离出的放射性物质中，其他放射性杂质的夹带量大大减少；此外，为了减少器皿对放射性物质的吸附，经常采用加入一定量的稳定同位素。被加入的这些稳定同位素或化学类似物起到一种反载带的作用，故称为反载体。例如，在用MnO_2从^{95}Zr-^{95}Nb体系中吸附分离^{95}Nb时，先往溶液中加入少量的稳定锆盐，可减少^{95}Zr的污染，这里所加的锆盐就是反载体。

使用载体和反载体时，为了起到预期的作用，常常用化学方法使载体与放射性核素处于相同的化学状态。通常采用下述两种方法：

1）向溶液中加入所有可能存在的价态的载体，然后用某种氧化-还原反应把它们转变为一种价态。

2）引入一种价态的载体，进行一次氧化-还原反应循环，把所有可能的价态转变为一种价态。若放射性物质除了由它组成的化合物及其衰变所产生的子体的化合物之外，不含有同位素与非同位素载体，则称这种放射性物质为“无载体”的，反之，则为“有载体”的。

1.2.3 放射性物质的吸附及其防止

许多固体物质，如玻璃、不锈钢、塑料、滤纸和纤维等，均能对溶液中的溶质有一定的吸附能力。在普通的化学分析中，待测的常量物质在一般的玻璃器皿、滤纸或固体沉淀表面上的吸附，对实验结果所造成的误差是可以忽略不计的，但在放射化学的研究中，由于放射性物质的低浓、微量，固体表面吸附的量相对而言就十分可观，许多固体表面与放射性溶液接触，在一定条件下都可能造成明显的吸附。影响固体物质吸附放射性核素的因素很多，如固体物质的种类和表面特性、放射性核素的性质和浓度、溶液的 pH 和其他组分的含量、接触时间等。一般来说，不同的材料其对放射性核素的吸附能力不同，研究表明，它们的吸附能力如下：玻璃＞钢＞石英＞聚乙烯＞聚丙烯＞聚四氟乙烯。

化学操作往往是在玻璃器皿中进行的，有些放射性元素很易被吸附在玻璃器皿的表面，这种吸附就会使实验结果产生很大的误差。例如：有 100 mL 的放射性溶液盛放在烧杯中，与溶液接触的玻璃表面约为 100 cm^2，粗略计算每平方厘米玻璃表面上约有 4×10^{14} 个 Na^+ 离子，100 cm^2 玻璃表面上即有 4×10^{16} 个 Na^+ 离子，在水的作用下，Na^+ 离子将解离并进入溶液，而放射性离子被吸附在玻璃上。如果有一半 Na^+ 离子被交换，则 100 mL 放射性溶液中就有 2×10^{16} 个放射性离子被吸附，也即有 $\frac{2\times10^{16}}{6.02\times10^{23}}=3.3\times10^{-8}$ mol被吸附，在一升溶液中就有 3.3×10^{-7} mol 放射性核素被吸附，而在实际工作中，所操作的放射性溶液，其浓度常为 $10^{-10}\sim10^{-20}$ 摩尔浓度。例如放射性浓度为 3.7×10^4 Bq/mL 的 ^{210}Po 溶液，其中 ^{210}Po 的摩尔浓度仅为 1.05×10^{-9} Bq/L，因此必须考虑玻璃容器的吸附问题，否则会给实验带来不正确的结果。

放射性核素在玻璃上吸附的量受溶液酸度、放射性核素的性质和状态以及玻璃的质量等因素影响很大。实验中为了防止放射性核素在容器表面上的吸附损失，通常可以采取以下几种措施：

1）加载体，即加入能对微量放射性核素起载带作用的常量物质，它们通常是与所研究的放射性核素的化学性质相同或相近的稳定核素，使放射性核素被稀释；或容器表面预先用稳定核素的溶液进行吸附平衡，以减少对放射性核素的吸附。当然这只能是在加入常量稳定同位素后不影响实验要求时才可以。

2）提高溶液酸度，一般地说，在较高酸度时放射性核素都不易被吸附，或已吸附在玻璃上的放射性核素也可以解吸下来，故将放射性溶液保持一定酸度，或用酸来洗涤已污染的玻璃器皿，对防止玻璃吸附及清除污染都是有效的方法。

3）玻璃容器用硅烷溶液进行处理，使玻璃表面硅烷化，形成一层憎水性的膜，从而减少对放射性的吸附。常用的硅烷是二甲基二氯硅烷或甲基三氯硅烷等。

滤纸也是一种能强烈吸附某些放射性核素的吸附剂，它可用来净化和分离某些放射性核素。如在环境和生物样品的放射性监测中，就经常采用各种类型的滤纸进行分离操作。因此，在放射化学分离操作中，必须考虑滤纸吸附可能引起微量放射性核素的损失。一般不用它来去除放射性溶液中不溶的滤弃物，而主要用于过滤放射性沉淀物，以滤弃溶液或直接制源测量。例如，在分析测量 ^{131}I 时，就常以 ^{131}I-AgI 沉淀形式在滤纸上直接抽滤制源，再进行放射性测量。

第2章　放射化学实验的安全防护和基本操作

2.1　放射化学实验的基础知识

在放射化学实验室内进行放射性操作时，放化实验室内的工作台面、地面、墙壁及各种设备和器皿都有可能被放射性物质沾污。这些放射性物质既可直接对人体造成外照射，也可随着实验室内尘埃的吸入或通过接触从皮肤或伤口进入体内，而造成内照射，使人体受到辐射损伤。为了尽量减少和避免这种损伤，对于放射化学实验室的基本要求，实验室工作规则，放射化学实验的基本操作，废物处理和沾污去除等基础知识必须有一定了解，并在实际训练和工作中切实执行。

2.1.1　放射化学实验室的基本要求

放射化学实验室的设计应符合安全、方便和经济3个原则。根据国家有关规定，按实验室中操作放射性物质的量、毒性大小和操作方式，将放射化学实验室分成甲、乙、丙三级，见表2.1。由于不同的放射性核素，其毒性不同，毒性越大的放射性核素，其在相应级别的放射化学实验室内日操作量越少，反之，其日操作量就要大一些。因此，该表中列出的最大等效日操作量，尚需根据操作性质乘以表2.2中相应的系数加以修正。实验室内的最大日操作量，不应超过表2.1及表2.2中所规定的量。

表2.1　各级放射性工作场所的最大等效日操作量　　单位：Bq

放射性核素毒性	实验室级别		
类别	丙级	乙级	甲级
极毒类	$3.7\times10^{3}\sim1.85\times10^{6}$	$1.85\times10^{6}\sim1.85\times10^{9}$	$>1.85\times10^{9}$
高毒类	$3.7\times10^{4}\sim1.85\times10^{7}$	$1.85\times10^{7}\sim1.85\times10^{10}$	$>1.85\times10^{10}$
中毒类	$3.7\times10^{5}\sim1.85\times10^{8}$	$1.85\times10^{8}\sim1.85\times10^{11}$	$>1.85\times10^{11}$
低毒类	$3.7\times10^{6}\sim1.85\times10^{9}$	$1.85\times10^{9}\sim1.85\times10^{12}$	$>1.85\times10^{12}$

表2.2　操作性质的修正系数

操作性质	修正系数
干式粉尘操作	0.0
产生少量气体，气溶胶的操作	0.1
一般的湿式操作	1
很简单的湿式操作	10
工作场所贮存	100

1）放射化学实验室必须与非放射性工作区分开，在放射性工作区内，各实验室应按照操作放射性的强度由小至大依次排列，并应设置放射性核素贮存室。

2）放射化学实验室内的地面应光滑、无缝，用机械性能良好并易于清除放射性沾污的材料铺成。如塑料板或涂料，耐酸漆等。

墙壁、天花板、门窗等均应光滑，涂以耐酸漆（丙级实验室应在离地面 2 m 高以内的墙壁上涂以耐酸漆），为了避免灰尘的堆积，房间内的所有转角都必须是圆的。甲、乙级实验室内照明用灯，应安装在墙壁内或天花板内，并加玻璃盖罩，以便于去污和保持实验室内的清洁。

3）实验内应有非放射性废水与放射废水的不同排放系统，使用时应严格加以区分，放射性废水应用适当方法处理后按放射卫生标准的有关规定控制排放。

实验室内应有放置普通废物与放射性废物的污物桶，两者应严格区分。

4）实验室内应根据操作放射性的量，设置相应的防护及操作设备，如热室、手套箱、通风柜、操作放射性物质的简易机械手和各种操作夹钳、防护用铅砖、铅玻璃屏、有机玻璃屏、铅玻璃和有机玻璃的防护眼镜等。

5）甲、乙级实验室通风柜的风速在开口处不应小于 1 m/s。而通风柜内的排水系统应与放射性废水排放系统相连。

6）实验室内的桌、椅和化学试剂柜等家具和设备应涂上油漆，实验台面应由耐酸、耐碱、易洗涤和易去污的材料制作，例如台面上铺塑料布、瓷砖与玻璃板。为了避免放射性物质的污染，实验室必须经常以湿法打扫，保持清洁。

7）实验室内必须备有放射性物质的贮存柜及表面污染剂量监测仪。

8）放化实验室还必须附设淋浴室、更衣室及存衣室等。

2.1.2　放射化学实验室安全防护规则

1）进入放射化学实验室必须穿上工作服和工作鞋，戴好工作帽，必要时戴好口罩。工作人员进入实验室工作前，一般应通风 5 min。

2）严格遵守放射源领用制度，放射源应由专门人员妥善保管，严防丢失。

3）实验室内应明显划分活性区和非活性区，并作好标志。不得把与实验无关的仪器、图书及其他用品带入放化实验室内。必要的讲义、记录本应在指定地方记录存放，不得把放化实验室的物品带到其他地方（非放化实验室）去。严禁在实验室内进食，饮水，吸烟或存放食物。

4）操作放射性物质时必须戴上乳胶手套，必要时应戴上有机玻璃或铅玻璃的防护眼镜。所有操作均应在铺有吸水纸的瓷盘中进行。凡存放或操作放射性物质的器皿，都必须做好放射性标志。严禁戴着沾污放射性的手套任意接触非放射性的器皿或公用仪器。

5）操作 1.85×10^{7} Bq（0.5 mCi）γ 放射性物质或 1.85×10^{7} Bq（0.5 mCi）以上能量较高的 β 放射性物质时都必须有防护屏或其他防护措施。使外照射剂量降低到剂量当量限值以下。在进行强放射性操作前，一般都要先做无放射性物质的模拟试验（又叫冷试验），待操作熟练后才能进行放射性物质的实验。

6）放射性废物必须同普通垃圾严格分开，分别存放于“放射性”废物桶和“非放射性”废物桶内。放射性废液严禁倒入普通水槽中。存放放射性废物应按种类、状态、活度分开存放，分别贴好详细的标签，并应及时进行处理和回收。

7）实验中发生放射性事故时（包括盛有放射性溶液的器皿破碎、打翻，放射性物质溅出，洒落，以及桌面、地面和人身的沾污等），应保持镇静，立即报告指导教师，在教师的指导下进行放射性去污。

8）工作人员皮肤暴露部位的伤口未愈时，一般不得操作放射性物质。

9）要有良好的工作作风，实验室应经常保持清洁整齐，每天实验后必须进行湿法打扫，禁止使用易扬尘的器具，定期进行全面大扫除，工具必须专用。实验室内工作台面、地面、墙壁及仪器等必须经常用剂量仪器进行检查，发现有沾污的地方应及时去污、清洗。

10）工作人员离开实验室前，必须仔细洗手，并经剂量仪器检查，如发现自身部分有沾污，应立即清洗，直至本底为止。

2.1.3 放射性污染的去除与废物处理

(1) 放射性污染的去除

在放射化学操作中，发生放射性沾污通常有两种情况，一种是由于操作时必须使用某些器皿盛放放射性物质，使用完毕后在容器壁上有一定的沾污。另一种是由于操作不当发生了放射性物质的溅出、泼翻事故而引起实验室的污染。对于前者，必须立即将沾污的器皿进行清洗，而后者应及时进行去污。否则将造成污染范围的扩大，同时又增加了以后去污的困难。用去污因子或去污系数来表示去污剂的去污能力，即去污前后待去污表面的放射性活度（或照射剂量率）之比。理想的去污方法应该具有最大的去污因子（一般要求去污因子大于10）和最小的腐蚀率。放射性物质在物体表面的污染按其机制大体可分为三类：

1）化学结合

放射性物质和被污染物品发生化学反应，这就可能使放射性物质牢固地结合在物体表面，甚至深入内部。

2）物理结合

具有很强吸附能力的物体表面，可吸附微量的放射性核素形成物理吸附。

3）机械结合

多孔性物体的表面可能使放射性物质吸着在微孔里。

针对上述情况，放射性污染的去除方法，除对表面粗糙的物体进行擦洗和刮除等方法外，通常是利用与放射性物质能生成可溶性物质的去污剂，对被污染物体进行浸泡和洗涤。此种化学去污方法与下列因素有关：

1）放射性物质的物理、化学性质和沾污的严重程度。

2）被污染物的表面性质。

3）去污剂的化学性质。

一般说来，去除污染的方法与去污剂的选用要看实际情况而定。常用的去污剂有：

① 酸类：2～3 mol/L 左右的 HCl 或 HNO_3（一般不用 H_2SO_4）。

② 碱类：10% NaOH、Na_3PO_4 溶液或 Na_2CO_3 溶液等。

③ 氧化剂、还原剂：1%$KMnO_4$ 或饱和 $H_2C_2O_4$ 溶液。

④ 络合剂：稀 EDTA-Na 盐溶液，柠檬酸钠溶液，$H_2C_2O_4$ 溶液等。

下面对常需去污的表面及一些经验去污方法作一简单的介绍：

1）器皿的去污

实验器皿的去污是实验工作的一个组成部分，直接影响到工作质量，必须予以重视，因此在实验结束后应有足够时间进行器皿的去污和洗涤。在去污时应注意：要尽可能减少洗涤所产生的废液量，洗涤去污要及时，应在实验后马上进行，这样易于去污；含 $K_2Cl_2O_7$ 的硫酸洗涤液一般不宜作放射性沾污器皿的洗涤液。

对于较大的玻璃器皿，如大的烧杯等，若沾污的放射性活度较大，可用镊子夹住小块滤纸沾以 3 mol/L HNO_3 或 HCl 进行擦洗，然后在水槽中用水冲洗，擦过的小块滤纸作放射性废物处理。对于较小的玻璃器皿，如移液管、离心试管等，可用 3 mol/L HNO_3 或 HCl 洗涤，如果沾污的放射性活度较大，开头洗出的少量放射性废液应收集处理。若沾污一时无法去除时，可用酸浸洗，或用3％HCl-10％柠檬酸浸洗。瓷盘和塑料器皿的去污，可用稀酸或3％HCl-10％柠檬酸溶液处理。其方法是用镊子夹住一团棉花蘸清洗液擦拭，最后用水冲洗。沾污的金属用具，先用冷水或热水洗涤，不能去除时可按不同材料进行去污。不锈钢（如不锈钢测量盘），用 2 mol/L 稀 HNO_3 溶液浸泡，切忌用 HCl、H_2SO_4 洗涤。必要时洗液可加热，然后用刷子刷洗，再用水冲洗干净。若仍未去污时，则可用10％柠檬酸或5％EDTA溶液擦洗。铝制品，用1％HNO_3 或 Na_3PO_4 溶液擦洗，不能用强酸强碱。铜和铅，先用稀盐酸洗，然后以弱碱溶液浸洗中和，最后用水冲洗。

2）手套和手上沾污的去除

手套在脱下之前，先要测量检查是否沾污，如沾污严重可直接作为固体废物处理。若沾污轻微，可用肥皂洗涤二次，然后再检查，若沾污较严重，可用稀 HNO_3 或 HCl 或10％柠檬酸溶液洗涤，洗涤方法可用吸水纸或棉花蘸去污剂擦洗沾污处。

当手（或其他皮肤）上沾污时，若沾污较轻可先涂上肥皂，然后用软毛刷洗涤数分钟；若沾污较严重时，可用各种络合剂如10％柠檬酸溶液，0.5％EDTA-Na盐溶液等进行洗涤，然后用水冲洗，直至接近本底。在进行手及皮肤的去污时要注意防止皮肤破损。

3）放射性事故的处理

发生放射性事故时应保持现场，立即报告有关教师。若发生严重沾污事故必须同时报告防护组和有关领导部门。

一般性沾污的去除可按下列原则进行：如沾污的为放射性溶液，则应先用吸水纸、棉花或吸管将溶液吸干，防止沾污面扩大。如散落少量放射性粉末，可先用湿的吸水纸、棉花等收集粉末，然后再用水加以擦洗，经擦洗而仍未完全清除时，则应根据放射性核素的化学性质，选择适当的化学试剂进行擦洗，以提高去污效果。决不能在清洗过程中，由于方法不当，而使污染范围扩大。因此，未经收集和擦洗，立即用大量水冲洗放射性散落物是不允许的。

若发生严重的放射性事故。应请有经验的教师以及有关人员一起充分讨论，定出处理方案后再进行处理。

(2) 放射性废物的处理

放射性废物的处理可按放射性核素的半衰期、毒性、化学状态和体系的不同分别进行，放射性废物不得任意弃置，必须根据不同对象、状态分别予以收集，妥善处理。处理的原则总的来看不外乎浓缩储存，稀释分散。

1）短半衰期的放射性废物

短半衰期的放射性核素，在较短的时间内全部或大部分已衰变，一般将它们存放 7～10 个半衰期（存放 7 个半衰期，相应的放射性核素约有 99.22%已衰变）。然后进行测定，确定其尚存放射性活度及有无长寿命同位素混入。将测得的结果与国家规定的排放标准比较。如已达到排放标准，液体废物则可直接进行排放，或用水稀释至符合国家标准后再进行排放。而固体废物则可在专门设备内焚烧或埋藏于地下水位低、人口稀少的地区。

2）中长寿命的放射性废物

原则上都应将这些废物经处理后变成比活度高、体积小的固定废物。然后用水泥等进行固化密封。对于液体废物，蒸发浓缩法是一个比较简单有效的处理方法，但不宜用于含有挥发性放射性核素的溶液。如果废液中放射性核素是离子状态，而且其他盐分不多，亦可用离子交换树脂吸附溶液中的放射性核素，若将阴阳离子交换树脂混合使用，其去污效果更好。若废液中所含的放射性核素容易水解，其氢氧化物溶解度很小，则用吸附共沉淀法处理也有较好的效果。经常使用的 $Fe(OH)_3$、$Al(OH)_3$ 或 $Fe(OH)_3+MnO_2$ 等无定形沉淀能吸附载带废液中的多种放射性核素，如 ^{95}Zr、^{95}Nb、^{144}Ce、UO_2^{2+}、Th^{4+} 等。沉淀时 pH 应控制在 8～9。但若用 $Fe(OH)_3$ 吸附共沉淀 $^{137}Cs^+$、$^{226}Cs^{2+}$ 等核素则效果很差。用 $Fe(OH)_3$ 或离子交换树脂处理过的残液，经测定后，可按国家标准进行排放。

固体废物必须按其比活度的大小分别存放。高比活度的放射性固体废物集中后，装在密封的容器中，妥善存放或埋藏在专门建造的废物库内。

低比活度可燃烧的固体废物如废纸、手套等可在专门的焚化炉内烧毁。由于固体废物的存放和处理设备需要很高的费用，因而在实验中尽量控制废物的量是十分必要的。

在放化实验中，也可能产生部分放射性气体或者气溶胶。对于这些气体放射性废物，若不经任何处理直接排入大气，可能会影响周围环境的安全。因此在放射性气体通过烟囱排入大气之前，一般要经过各种过滤装置的处理，必要时还需抽样监测，以检查是否符合排放标准。常用的过滤器有：国产 15-1 或 25-1 滤布过滤器，玻璃棉过滤器和静电除尘过滤器等。

2.2 放射化学实验中的安全防护

高剂量率、大剂量的全身照射或局部组织照射，可对人引起确定性效应，导致急性死亡；低剂量率、小剂量的长期照射则可能诱发癌，或者造成受照者生殖细胞损伤而产生某些遗传效应。放射性对人体的危害程度与接触的放射性物质的量、辐射性质和进入人体的方式有关。体受照射的量越多影响越大。相反，人体受照射量很少时则没有显著的影响。例如，宇宙射线经常作用在人体上，在人体周围和内部存在的天然放射性物质产生的射线也长期对人体进行照射，但是由于这些照射量很小，人们根本没有感到它们有什么危害。再如从事放射性工作人员在低于限值水平的照射下，进行长期工作，对身体也没有明显的影响。但若受到较大剂量照射时，则会产生一定的影响，不过，经过一段时间的治疗和休息仍可能恢复健康。一般来说，从事放射化学实验，接触的放射性核素的量非常少，接触时间也比较短，不至于产生危害。但从事高活度放射源的开启、分装实验，进行高毒性、

极毒性 α、β 核素实验等，稍有不慎，应会产生严重后果。因此，人们需要了解放射性对人体影响的一些规律，掌握它的特点，采取必要的防护措施，即使在操作较强的放射性物质时也可以把它的影响减小到最低程度。为此，在这里简要介绍电离辐射对人体照射时的剂量概念，以及外照射防护和内照射防护的一些基本原则。

2.2.1　剂量及其单位

(1) 照射量及照射量率

γ 和 X 射线都是一种不带电的电磁辐射，它不能直接使物质发生电离，物质吸收 γ 射线的实际过程分两个阶段：γ 射线同物质的原子相互作用，产生带电的次级电子，γ 射线把自己的一部分或全部能量转交给次级电子，变成次级电子的动能，这是第一步；第二步是带着一定动能的次级电子在物质中产生电离，将能量消耗在物质中，被物质所吸收。

照射量 X 的定义为 $\mathrm{d}Q$ 除以 $\mathrm{d}m$ 所得的商，即

$$X=\frac{\mathrm{d}Q}{\mathrm{d}m}$$

式中：$\mathrm{d}Q$ 是当 γ 或 X 射线在质量为 $\mathrm{d}m$ 的某一体积元内的空气中，所释放出来的全部电子（负电子或正电子）被完全阻止于空气中时，在空气中形成的一种符号离子总电荷的绝对值。

照射量的国际单位制（SI）单位是库仑/千克，记为 C/kg，专用单位是伦琴，符号为 R。

$$1\ \mathrm{R}=2.58\times10^{-4}\ \mathrm{C/kg}$$

历史上伦琴单位的定义是，当 X 或 γ 射线通过 1.298×10^{-3} g 空气时（即 0 ℃、760 mmHg 下 1 cm^3 空气），生成电荷各为一个静电单位的正离子和负离子时，其照射量称为 1 R。在实际应用中还常用毫伦和微伦单位。

$$1\ \mathrm{R}=1\ 000\ \mathrm{mR}$$

$$1\ \mathrm{mR}=1\ 000\ \mu\mathrm{R}$$

照射量率 $\dot{X}$ 是指单位时间内照射量的增量即为照射量率。

$$\dot{X}=\frac{\mathrm{d}X}{\mathrm{d}t}$$

照射量率的 SI 单位是库仑/千克·秒，C/kg·s，其专用单位是 R/h、mR/min 或 μR/s。

上面介绍的伦琴的定义是对空气而言的，由于空气的有效原子序数 $Z_{有效}=7.64$，和人体各主要组织的有效原子序数相近，因此研究 X 和 γ 射线在空气中的作用也可以推广到对人体组织的作用，但是人体组织与空气还是略有差别的。

(2) 吸收剂量及吸收剂量率

射线通过物质时对物质的影响，主要取决于被物质吸收的多少。射线被物质吸收后，因产生电离作用而消耗能量。被吸收的能量越多，则在物质中产生的电离作用越强，破坏程度也越大。因此，电离辐射的吸收剂量 D 定义为，单位质量物质吸收的任何致电离辐射的平均能量。

$$D=\frac{\mathrm{d}E}{\mathrm{d}m}$$

式中：dE 为某一体积元中物质吸收的电离辐射的平均能量，J；

dm 为该体积元内物质的质量，kg。

吸收剂量的常用单位是 J/kg，称为戈瑞，符号为 Gy。

$$1\ \mathrm{Gy}=1\ \mathrm{J/kg}$$

吸收剂量还有一个曾经用过的专用单位是拉德，符号为 rad，1 Gy=100 rad。

吸收剂量率 $\dot{D}$：单位时间内的吸收剂量增量称为吸收剂量率 $\dot{D}$。

$$\dot{D}=\frac{\mathrm{d}D}{\mathrm{d}t}$$

吸收剂量率的 SI 单位是 Gy/s，即 J/(kg · s)。

(3) 剂量当量

一般说来，受相同吸收剂量照射的机体，因射线的类型和能量不同，所产生的生物效应也不尽相同。这是因为生物效应不仅与吸收剂量的大小有关，还同辐射的类型有关。不同种类的射线，它们的传能线密度（LET）不同，即入射粒子在单位径迹长度中损失的能量不同。α 粒子质量大、电离本领强、射程短，在它的径迹附近产生密集的电离，因而生物效应较大，对机体组织的破坏作用比较集中，使机体不易恢复，而 β、γ 射线产生的电离作用较分散，生物效应较小，破坏作用也要小些。这说明吸收剂量虽然相同，但不同类型的辐射的相应生物效应是不同的。

为了更好地表示电离辐射所引起的有害效应，采用剂量当量的概念。剂量当量 H 定义为在组织内被研究的某一点上的 D、Q 和 N 3 个量的乘积，即：

$$H=DQN$$

式中：D 为吸收剂量；Q 为品质因数；N 为其他一切修正因数的乘积。目前，指定 $N=1$。表 2.3 列出了不同类型辐射的品质因数 Q 值。

表 2.3 不同类型辐射的品质因数 Q 的近似值

射线种类	Q 值
X 射线、γ 射线、电子	1
热能中子	2.3
裂变中子和未知能量的中子、质子、静止质量大于 1 原子量单位的单电荷粒子	10
内照射中的 α 粒子、电荷数未知的粒子	20

剂量当量的 SI 单位是 J/kg，称为希沃特，符号为 Sv，1 Sv=1 J/kg；剂量当量的另一专用单位是雷姆，符号为 rem，1 Sv=100 rem。

(4) 剂量当量限值

根据国际放射防护委员会（ICRP）在 1977 年提出的建议书（ICRP-26）以及我国在 1974 年制定的《辐射防护规定》(GBJ 8—1974）的有关原则，1984 年我国颁布了《辐射卫生防护基本标准》(GB 4792—1984)。该标准明确了辐射防护的 3 个基本原则：实践的正当化、辐射防护的最优化以及辐射工作人员个人剂量的限值化。剂量当量限值是辐射防护标准的基本限值之一，它为从事辐射实践的工作人员和公众人员明确规定了不应超过的剂量当量值，其目的是防止电离辐射的非随机性效应的发生，并将随机性效应的发生率限制在可接受的水平。对于辐射工作人员，进行剂量限制时要考虑上述两种生物效应，应同时满足下述的两种限值。

为了防止有害的非随机效应，任何一种器官或组织所受的年剂量当量不得超过以下限值（见表 2.4）。

表 2.4　ICRP 60 号报告建议的个人剂量限值

剂量项目	职业	公众
年有效剂量	规定的 5 年内平均 20 mSv	1 mSv
年当量剂量		
眼晶体	150 mSv	15 mSv
皮肤	500 mSv	50 mSv
手、足	500 mSv	—

为了限制随机性效应，辐射工作人员受到的全身均匀照射的年剂量当量不应超过 50 mSv（5 rem）。如果受到不均匀照射时，年有效剂量当量（H_E）应满足以下不等式：

$$H_E = \sum_T W_T H_T \leqslant 50\ \text{mSv}$$

式中：H_T 为器官或组织（T）的年剂量当量，mSv；W_T 为器官或组织（T）的相对危险度的权重因子，组织权重因子见表 2.5。

表 2.5　组织权重因子 W_T

器官或组织	W_T
性腺	0.20
红骨髓	0.12
结肠、肺、胃	0.12
膀胱、乳腺、肝	0.05
食道、甲状腺	0.05
皮肤、骨表面	0.01
其余组织或器官	0.05

应该指出，辐射工作人员的年剂量当量是指一年工作期间所受的外照射的剂量当量与这一年内摄入放射性核素所产生的待积剂量当量二者的总和，但不包括天然本底照射和医疗照射。

对于放射性专业学生，剂量当量限值应遵守辐射工作人员的防护标准。对于非放射性专业学生，在教学过程中，受到的照射应限制在年有效剂量当量不超过 0.5 mSv，其他单个器官或组织的年剂量当量不大于 5 mSv。

从事放射工作的孕妇、授乳妇女以及 16～18 岁的实习人员，不应在年有效剂量当量可能超过 15 mSv 的甲种工作条件下工作，也不得接受事先计划的特殊照射。从事放射工作的育龄妇女所接受的照射，应严格按均匀月剂量率加以控制。年龄未满 16 岁者，不得参与放射工作。

2.2.2 放射性防护

人们受电离辐射照射有两种情况：一种是辐射源在人体外面，它所发出的射线照射人体，称为外照射；另一种是放射性物质进入人体内部，它所发出的射线照射人体组织及器官，这种情况称为内照射。针对这两种照射，有两种完全不同的防护方法，下面将分别作简单的介绍。

(1) 外照射防护

外照射剂量是与放射源的活度、操作时间成正比，而与操作距离的平方成反比的。因此，外照射防护的 3 个最基本的原则是：

1）增大与放射源的距离，实验操作时应尽可能地增大操作距离，离放射源越远，人体所受的剂量就越少。对发射 γ、X 射线的点状源来说，当空气和周围物质对射线的吸收、散射可以忽略时，某一点上的照射量率与放射源的距离平方成反比。

2）缩短操作时间，人体所受辐射的累积剂量随着接触放射源时间的延长而增加。因此，在保证按要求完成实验任务的前提下，应尽可能地缩短人员与放射源的接触时间。具体方法很多，如在操作放射源之前，做好充分准备，操作力求熟练、迅速；在剂量较大，操作时间又很长的实验时，可以用轮班作业，限制每人的操作时间，从而减少每个操作人员所接受的剂量；避免在放射源旁边做不必要的停留。

3）采取适当的屏蔽，如操作强放射源时，单靠缩短时间和增大距离往往还满足不了安全防护的要求，此时需要在人体与放射源之间设置一种或几种足够厚度的防护屏障，使之在某一指定点上由源产生的当量剂量率降低到有关标准所规定的限值以下。屏蔽材料选择的一般原则见表 2.6。

表 2.6 屏蔽材料选择的一般原则

射线类型	作用的主要形式	材料选择原则	常用屏蔽材料
α	电离、激发	一般低 Z 材料	纸、铝箔、有机玻璃等
β、e	电离、激发、韧致辐射	低 Z+高 Z 材料	铝、有机玻璃、混凝土、铅
p、d、^{3}He	核反应产生中子	高 Z 材料	钽、钚等
X、γ	光电效应、康普顿散射、电子对产生	高 Z 材料、通用建材	铅、铁、钨、混凝土、砖、去离子水等
n	弹性、非弹性散射、吸收	含氢低 Z 材料、含硼材料	水、石蜡、混凝土、聚乙烯、碳化硼铝、含硼聚乙烯等

现按射线性质的不同，分别简述 α、β、γ 射线的外照射防护。

1）α 射线的外照射防护

α 射线的射程很短，几厘米厚的空气层即可将它吸收掉，因此在工作时只要戴上手套，不直接用手接触放射源，就不会有外照射的危害。α 粒子在组织中的射程仅几十微米，即使它射在皮肤上（当然应当避免），也容易被表皮所吸收而不会深入体内对内组织有所危害。

2）β射线的外照射防护

β射线比α射线具有较大的穿透能力，在空气中射程可达几米，但它容易被铝、有机玻璃所吸收。大量β粒子在人体组织的表面层中被完全吸收时，会对皮肤产生很大的破坏作用，尤其对眼睛的角膜影响更大。如用手直接拿取10^9 Bq的β源时会引起严重而难愈的烫伤，β射线在体内照射时的危害次于α粒子，其外照射的危害又比γ射线弱。

β射线的防护措施，尽可能降低操作放射源活度，增加操作距离以及缩短操作时间，都可能使照射剂量在剂量当量极限以下。在操作较强的源时，比较好的防护方法还是使用防护屏和操作钳。防护屏的材料可用铝、有机玻璃、玻璃等。但以有机玻璃最好。如果查得β射线在铝中的最大射程是$R_{\beta max}$，则在有机玻璃或其他物质中的最大射程d（cm）为：

$$d=\frac{R_{\beta max}}{\rho}$$

式中：ρ为有机玻璃或其他物质的密度，g/cm^3，如$\rho_{有机玻璃}=1.18$ g/cm^3。

在使用防护屏蔽时要考虑韧致辐射的影响问题，韧致辐射的能谱也是连续分布的，最大能量可等于β粒子能量，然而平均能量远小于最大能量。但在设计强源的屏蔽时要考虑韧致辐射的影响。

3）γ射线的外照射防护

使用的放射源大多数均伴有γ射线的发射，而γ射线的穿透能力强，对人体容易引起内部损伤，因此在外照射的防护中最重要的是γ射线的防护。通常在实验中可用剂量仪器来测量放射源所产生的剂量率，必要时也可根据放射源活度和操作距离与时间来估算所受的剂量。

对于较强的放射源，一般应该使用远距离操作，如用长操作钳或机械手等，使人体离放射源尽可能远一些，这种方法对于毫居里级的放射源是十分有效的。

若放射源较强，最好在γ手套箱内操作，或者使用防护屏。在屏蔽防护中要选择适当的防护材料并计算所需的防护层厚度。这方面的计算可查阅有关著作和手册。屏蔽γ射线应使用密度大的材料，如铅、铁、混凝土、铅玻璃等。

4）同位素中子源的防护

按中子的产生方式可将中子辐射源分成四类：放射性核素中子源、加速器中子源、反应堆中子源和等离子体中子源；若按中子的能谱分布，中子源可分为单能中子源和多能中子源两类。应该注意的是，中子源往往伴有γ辐射，在防护中子时，还应注意γ辐射防护。

同位素中子源通常可分为（α，n）反应中子源、（γ，n）反应中子源及自发裂变中子源三类，一般（α，n）和（γ，n）同位素中子源均由两种材料组成，一种是发射α或γ射线的放射性同位素，另一种是作为靶核的稳定同位素。例如^{226}Ra-Be中子源，是利用^{226}Ra及其子体的α放射性，以Be作靶物质所制成的一种中子源。^{210}Po-Be中子源则是利用^{210}Po发射的α粒子打击Be而放出中子。此外，某些人造重元素具有很强的自发裂变中子发射率，可用作中子源。现将同位素中子源及其特性列于表2.7。

表 2.7 某些同位素中子源及其特征

中子源	半衰期	核反应	中子平均能量/MeV	中子产额 10^6 n/s · 3.7×10^{10} Bq
^{226}Ra-Be	1 600 a	(α, n)	3.9～4.7	10.0～17.1
^{210}Po-Be	138.4 d	(α, n)	4.2	2.3～3.0
^{241}Am-Be	433 d	(α, n)	5.0	2.2～2.7
^{238}Pu-Be	87.75 a	(α, n)	5.0	2.2～4.0
^{242}Cm-Be	32 a	(α, n)		3.0～7.0
^{24}Na-Be	15.02 h	(γ, n)	0.959	0.108～0.13
^{124}Sb-Be	60.2 d	(γ, n)	0.024	0.153～0.19
^{242}Cm	32 a	自发裂变		1.8×10^7 n/s · g
^{252}Cf	2.64 a	自发裂变		2.32×10^{12} n/s · g

5）中子辐射的防护

中子的生物效应很大，为了减少工作人员所接受的辐射剂量，需要采用各种防护措施。除了注意控制操作时间及距离以外，最有效的手段是对中子源进行屏蔽。对于慢中子，可以用中子吸收截面较大的材料来屏蔽。对于快中子，由于其与各种物质相互作用的截面都比较小，所以要用慢化材料使它的能量降低到热中子再加以吸收。因此中子的防护问题归结起来实为快中子的减速和热中子的吸收问题。

① 减速剂的选择：快中子的慢化，主要依靠与原子核的弹性散射。中子与原子核的弹性碰撞会引起中子运动方向的改变和中子一部分能量的损失。比较好的减速剂是轻元素。其中慢化能力最强的是氢，故一般选用效果好、价廉易得的水和石蜡作为中子屏蔽的慢化剂。

② 吸收剂的选择：对于慢中子的吸收，除了要求吸收剂吸收截面大以外，还要求它们在俘获中子后放出的次级γ光子能量低，易于防护。但大部分元素当捕获中子时所放出的γ光子的能量均为6 MeV左右，这样就需要另加防护γ光子。只有锂、硼等元素能符合上述要求。它们与中子的核反应是：

$$^{6}Li+^{1}n\longrightarrow ^{3}H+^{4}He+4.67\ MeV$$

$$^{10}B+^{1}n\longrightarrow ^{7}Li+^{4}He+2.78\ MeV$$

锂俘获中子时放出的γ射线很少，可以忽略。硼95%的俘获事件中放出0.47 MeV的γ射线，较易屏蔽，通常在没有特殊要求时可使用价格较低的硼酸或硼砂（以硼酸较好，因为硼砂含有钠，在热中子作用下会产生能量为2.754 MeV的γ光子）。

最简单的屏蔽体可以单独用水或石蜡，其次可以把几层慢化体和几层吸收体相间排列使用，还可以把两者均匀混合起来。如硼酸水溶液或含硼砂的石蜡。如果中子能量很高（如中子发生器上常用的14 MeV中子），则最好是先用一层铁作屏蔽，然后再用含氢材料。因为这种中子在中、重核上的非弹性散射损失能量更快，这样可以缩小屏蔽体积。

(2) 内照射防护

放射性核素进入体内后，其产生的照射称为内照射。在操作和使用放射性物质时有两种情况：一种是使用“封闭性”的放射源，只利用它所发出的射线，这时可不考虑内照射问题，另一种是操作“开放性”的放射性物质，如放射性溶液、气体或粉尘的加热、蒸发、转移等。这些开放性操作有可能使放射性核素进入人体内，产生内照射问题。

一旦当放射性物质进入人体内部，就会均匀分布于全身或积聚在某些紧要器官中，它就会不停地放出射线照射人体组织及器官，因此防止放射性物质进入体内是一个十分重要的问题。放射性物质进入体内，大致有3种途径：

1）从消化道进入体内

进行放射化学实验时，工作人员食入放射性物质的情况较少发生，但当环境介质受到放射性物质污染时，则有导致较长时间食入放射性物质的可能。如当手受放射性污染时，不经去污就吃东西或吸烟，以及当食物或饮食用具受到污染时，很容易使放射性物质从口经过消化系统进入体内。

2）从呼吸道进入体内

当空气中有放射性气体或气溶胶时，则可能通过呼吸道进入肺部，有的长期滞留在肺部，有的可溶入血液再到体内各部分。

3）通过皮肤上的伤口或从皮肤渗透进入体内

完好的皮肤是一个有效地防止大部分放射性核素进入体内的屏障，但是氧化氚和碘蒸气、碘溶液或碘化物溶液可通过完好的皮肤而被吸收。如果工作人员皮肤有外伤，伤口受放射性物质沾污时，放射性核素极易进入体内。

所以内照射防护的主要问题是采取必要的措施防止或尽量减少放射性物质通过上述途径进入体内。

1）防止由消化系统进入体内

① 在实验室用移液管移液时，不可用口吸取，不应在放射性工作场所饮食或吸烟。

② 必要时应戴手套、口罩，口罩和手套内部要保持高度的清洁，戴了手套后不要到处乱摸。

③ 要防止放射性物质散布造成的污染，放射性物质不要到处乱放，应妥善放置和保管。放射性废物应贮存在专用的污物桶内，并按期加以处置。

④ 离开放射性工作场所必须很好地洗手或洗澡，并用仪器测量检查，发现沾污及时洗净。

2）防止通过呼吸系统进入体内

① 最重要的是防止放射性粉尘、射气和气溶胶进入体内，因此，放射性物质煮沸、烘干、蒸发等应在通风柜或手套箱内进行，操作粉末或者毒性大的放射性物质应在装有橡皮手套的密闭手套箱内进行。

② 工作场所应有良好的通风，使空气中的放射性在最大容许浓度以下，并尽可能减少。大量的放射性物质不可存放在工作场所，而应放置在装有通风设备的专用地方。

③ 工作必要时，要戴过滤性能好的口罩。

3）防止通过皮肤进入体内

① 小心操作，要避免皮肤被割破，特别要防止被带有放射性的东西割破。

② 手上如有很小伤口应妥善包扎后戴上乳胶手套再工作，伤口严重需要停止工作。

③ 不要用有机溶剂洗手，否则会增加放射性物质对皮肤的渗透性。总之内照射防护

中更重要的是操作人员在思想上要重视，严格遵守安全防护制度，采取必要的个人安全防护措施以及熟练操作等。这样是可以避免或尽量减少放射性物质进入体内的。

2.3 放射化学实验的基本操作

放射化学实验中的大部分基本操作，与一般的化学实验相似，但根据其特点，在操作放射源或盛有放射性物质的烧杯、试管及离心管等容器时，还常用到一些辅助工具，如图 2.1 所示。还需注意下列一些基本操作的训练。

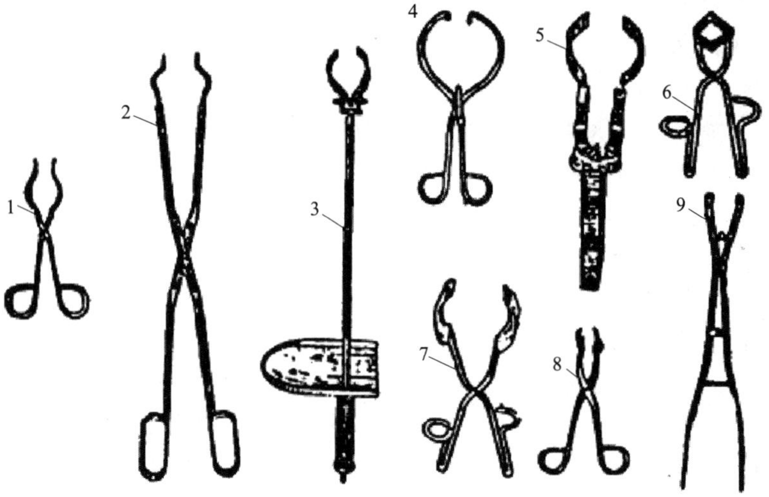

图 2.1 供操作放射性物质用的夹钳

1—供低强度放射源用的夹钳；2、3—供高强度放射源用的夹钳；4、5、6、7—供烧杯和其他广口器皿用的夹钳；8—供试管和其他小口器皿用的夹钳；9—供固体源用的夹钳

2.3.1 放射性物质的存放和转移

放射性物质存放或进行放射性操作，必须在铺有吸水纸的瓷盘内进行，以防止由于事故或其他原因而造成放射性物质的失散、设备或环境的沾污。转移、运送放射性物质时，必须采取适当的安全防护措施，如放在贮缸、瓷盘内运送，其表面剂量应在限制剂量当量之下。

2.3.2 放射性溶液的移取

移取放射性浓度高、毒性大、体积小的溶液，严禁倾倒，必须用滴管吸取，操作要十分小心，以防发生沾污，不要将溶液吸得过多，防止吸入乳胶滴头内。定量移取放射性溶液可用移液管，严禁用嘴吸取溶液，移取 1 mL 以上溶液时，可用带有乳胶管的针筒（或洗耳球），将移液管接上乳胶管，并插入溶液中，一手握移液管，一手持针筒，注意使移液管头始终保持在液面下。在吸取了一定体积的溶液后，必须双手同时移动移液管和针筒，不要弯折乳胶管，以防转移过程中溶液滴出。持移液管转入另一容器后，即可推动活塞将溶液压出。初学此操作时，应先用蒸馏水做试验，以检验移液系统是否漏气，并熟练操作方法。若用洗耳球吸取溶液时，必须注意放射性溶液不能超出刻度太多，严禁将放射性溶液吸入洗耳球内。移取体积小于 1 mL 的溶液时，可用乳胶滴头直接套在移液管上，代替针筒的作用。使用前，先用水略为润湿滴头内壁，以便能缓慢地旋转滴头。将移液管插入溶液后，用手指缓慢旋转乳胶滴头，上移时吸入溶液，下移时即放出溶液。此法简单方便，但必须选用与移液管外径及移取体积配合适宜的乳胶滴头。在转移放射性浓度很低而体积很大的溶液时，可用虹吸法或倾倒法。

用刻度移液管准确地移取一定体积的溶液时，最好用“减出量”法。例如，要准确移取 0.4 mL 放射性溶液，可选用 5 mL（或 1 mL）移液管，吸取溶液到刻度“0”处，然后放出溶液到刻度为 0.4 mL 处，若用同一移液管移取一系列不同浓度的同一种类的放射性溶液时，按放射性溶液的浓度由低到高的次序逐个移液。在萃取实验中，移取有机相和水相的移液管必须分开，必要时应对两支移液管做体积校正。操作过放射性溶液的移液管，必须平放在规定的移液管架上，实验完毕后应及时用酸液清洗。

如果用微量移液器准确地移取一定体积的溶液时，必须考虑微量移液器的使用温度范围、需移取的溶液是否对取样杆（一般为丙烯）有腐蚀性、微量移液器不能用于高蒸气压液体或高黏性液体等问题。

2.3.3　放射性溶液的加热、蒸发、浓缩和烘干

放射性溶液的加热、蒸发、浓缩和烘干等操作都应在通风柜或有排风的手套箱内进行，在操作过程中必须严防盛器破裂和溶液飞溅。加热、蒸发或浓缩放射性溶液时，盛放溶液的玻璃器皿应由优质耐热玻璃制成，其中溶液的体积一般不宜超过容器体积的 1/3～1/2。这些操作都应在瓷盘中进行。加热转化或浓缩高浓度、高毒性的放射性溶液，一般可用蒸馏法。蒸馏时，盛放溶液的蒸馏瓶应置于保护容器内（如不锈钢制的缸，该容器的体积应大于放射性溶液的体积），以防蒸馏瓶破裂时发生严重的沾污事故。加热常用电炉或空气浴，蒸馏速度必须缓慢，经常测量馏出液，如果馏出液中含有放射性，则需作污物处理。例如，将 3.7×10^{7} Bq ^{144}Ce 的草酸盐溶液转化为硝酸体系，可将^{144}Ce 的草酸盐溶液放入石英蒸馏瓶内，加入适量浓硝酸，缓慢加热蒸馏至干，再加浓硝酸反复蒸馏 3 次，最后以所需浓度的硝酸溶液浸取即可。对于体积大、浓度低的放射性溶液的浓缩，可用电炉或煤气灯小火直接加热蒸发，为防止溶液溅出，应在烧杯上加表面皿，也可用蒸馏法进行浓缩。例如，在处理一些化学杂质较少的放射性废液时，采用蒸发或蒸馏法，以缩小废液体积。对体积较小的放射性溶液，可在红外灯下进行蒸发、浓缩或烘干。例如，测量盘中的放射性溶液，经常用红外灯烘干。但必须注意有较多盐分的溶液，在烘干时往往会沿壁“外爬”，此时可以在测量盘外沿涂一圈有机涂料，以防放射性溶液“外爬”。此有机涂料可由 5 g 苯、0.4 g 聚苯乙烯和 0.1 g 石蜡配制而成，测量盘外沿涂好后隔一夜即可使用。

2.3.4　放射性物质的固液相分离

在放射性物质的沉淀和溶液的分离过程中，通常是离心法比过滤法用得多，尤其是在沉淀量小，沉淀不需转移时，可避免放射性物质的损失，而且离心分离法还具有操作简

便，得到的沉淀体积小，洗涤比较方便等优点。用电动离心机离心沉淀时，必须事先选择好重量相近的离心试管（最好是具有磨口玻盖的）。管内的溶液不应超过其总体积的 2/3。将试管放在离心机内必须位置匀称。最好先用盛放蒸馏水的离心试管检查离心设备是否适用，以防离心时试管破裂，造成放射性沾污事故，沉淀经离心后都集中在试管底部，上层清液可用吸管小心吸出。

对于体积大、沉淀量多或沉淀必须进行转移时，可用抽气过滤法进行固液相分离，实验室内常用布氏漏斗、玻璃砂漏斗。放化实验室中还经常用一种不锈钢可拆式漏斗，它具有分离步骤与制备样品相结合的优点，便于沉淀的取出和制成一定面积的固体测量源。用过滤法进行分离时，应注意并防止滤纸及器皿表面对溶液中放射性物质的吸附而引入的误差。使用机械泵进行抽滤时，必须带有缓冲瓶和气体吸收装置，防止机械泵将放射性物质抽入。

2.3.5 放射性粉末操作及气溶胶防护

少量放射性矿物和粉末状放射性物质的分装、研磨、转移和溶解等操作，均应在手套箱内进行，所用手套箱应密封，并能保持 10～20 mm 水柱的负压。操作 α 或 β 的手套箱可选用有机玻璃、铝、铁、不锈钢等材料制造，而 γ 手套箱可用铸铁、铅、钢或不锈钢等材料。操作放射性粉末的工作人员，必须戴口罩，必要时要戴上特制口罩，研磨少量粉末时，放射性物质的量不能超过容器总容量的 1/3；转移时应用小匙，不宜用倾倒法。溶解固体粉末，可用滴管慢慢地加入溶液，如有气体产生，应将表面皿覆盖在容器上。固体粉末样品的灼烧宜用电炉加热。凡是操作过放射性粉末的器皿应及时用湿法清洗。如无手套箱而临时需要操作少量毒性较小的放射性粉末时，可在通风柜内进行，但在进行粉末操作的过程中严禁抽风，避免因抽风引起粉末飞扬。操作完毕后，必须对周围工作面进行污染检查，如有沾污，应及时处理。可能产生放射性气溶胶的操作，也要在通风柜或手套箱内进行。如^{238}Pu、^{239}Pu 等超铀元素，由反冲原子形成的放射性气溶胶，应特别引起重视。这类强 α 放射性物质的存放容器必须密闭，一切操作都要在手套箱内进行。在放射化学实验室应尽量减少气溶胶的形成，而且工作人员要戴过滤性能良好的防护口罩，注意对气溶胶的防护。

2.3.6 放射性测量源的制备

在放射化学实验过程中，常常要将放射性物质制备成一定形式的测量源，以测定它们的活度或射线能谱。在实验室里，常用测量源可分两类：固体源及液体源。而固体源按其厚度又可分为薄源及厚源。如以其形状则可分点源及面源。薄源及厚源的区别是依制成测量源的样品本身对射线的吸收（自吸收）给测量结果所引入的误差来确定的。如在分离环境和生物样品中的微量放射性核素时，有时会引入载体及反载体，为了降低测量源对射线的自吸收，对载体及反载体的量有所限制，载体元素的量一般在 5～20 mg，而反载体元素的量约 10 mg 为宜。如当样品本身自吸收所引入的误差可忽略不计，具有一定厚度的这种测量源称为薄源。而当样品本身自吸收引入的误差不能忽略时，就称之为厚源。在进行放射性活度的绝对测量、能谱及其他核性质测定时，应尽量减少自吸收及其他因素对测量所产生的影响，故必须将放射性样品制成薄源。

在相对测量中，只要各测量源之间相应的条件，如样品组成及化学状态、源的面积及厚度、承托物（测量盘的材料）等一致即可。故在相对测量中将放射性样品制成薄源或厚源可根据实验条件和操作方便而定。

各种类型或同种类型不同能量的射线在样品中的穿透能力各不相同。α射线穿透能力最小，因而薄源的厚度一般在几十微米以下。具有强穿透能力的γ及硬β放射性物质，可制成固体样品进行测量，也可以液体形式进行测量。当液体样品体积较小时，可直接放在测量盘内测量，为了操作方便，通常将样品烘干后测量。对溶液体积较大的样品可放在液体测量瓶或液体计数管内测量。如果有井型闪烁探测器，也可直接将液体样品放在小试管内进行测量。对于软β放射性样品，亦可将放射性溶液直接加入闪烁液中用液体闪烁计数器进行测量。制备固体薄源的方法甚多。目前常用的有蒸发法和电化学法两类，现简单介绍如下。

(1) 蒸发法

蒸发法又可分为简单蒸发法、真空蒸发法及电喷雾法 3 种。

1）简单蒸发法

取一定量的放射性溶液，置于测量盘中，在通风柜内红外灯上缓慢烘干，为了使源比较均匀，必须将源放在水平位置进行烘干；烘烤时不应过热，一般在 40～50 ℃时为宜；此法操作简单，定量加入，唯一的缺点是源的均匀性差。若在测量盘内均匀地涂上一层 0.05％胰岛素溶液，使测量盘内各处的亲水溶液能力相同，从而使源比较均匀；如果所测的β射线能量不是太弱，则在测量盘内放一层擦镜纸亦可以改善测量源的均匀性。

2）真空蒸发法

将放射性样品置于真空体系中，然后将放射性样品加热使其挥发，沉积在承托物或测量盘上即成。此法所得的源均匀性极好，但要求装置密封性好，制得的样品不定量，且污染相当严重。

3）电喷雾法

在外加 10 000 V 高压电场的作用下，使液体放射性样品从直径约为 0.1 mm 毛细管内成雾状喷射至承托物或测量盘上。喷出的雾珠在空气中迅速挥发，射至承托物时水分也基本上挥发而成为固体源。为了控制放射源的面积，另外加一个 2 000 V 左右的准直电极。

该法的优点是源的均匀性极好，但 10 000 V 以上的高压电场使电喷射制源技术受到了很大限制。最近发展了电喷硅溶胶或电喷硅抗制备 4π 薄膜源的装置，在普通高压电源（3 000 V 左右）下电喷射硅溶胶或硅抗悬浮液制成薄膜衬垫，然后在衬垫上用扩散处理方式滴加放射源，制成的源计数效率高、重现性好，新方法的制源技术具有设备简单、操作方便、探测效率高、重现性好等优点。电喷雾法装置图如图 2.2 所示。

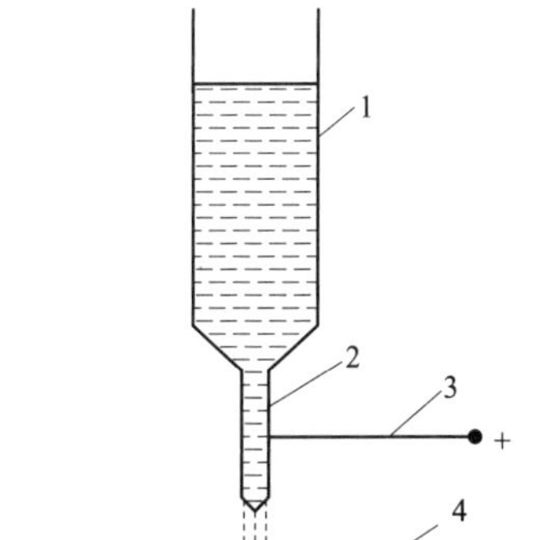

图 2.2 电喷雾法制备薄源装置示意图

1—放射性样品储存管；2—喷雾毛细管 ϕ=0.1 mm；3—喷雾电场（10 000 V 以上）；4—准直电场（2 000 V）；5—承托物

(2) 电化学法

电化学法是利用元素的电化学行为进行分离的各种方法的统称。电化学法中有电置换、电解、分子电镀及反冲电沉积法等。放射化学中所用的电置换、电解的基本原理与常量的电解、电置换法是相同的。在电化学分离中，只有被分离的两个元素之间的电极电位相差较大时，分离才可能完全。为了达到分离完全的目的，应选择适当的金属承托物，其电位低于欲制源的放射性元素的电位，该元素将被还原而沉积在金属承托物表面上。

由于水溶液中的电沉积所制得的源回收率高、自吸收小，均匀牢固，因此 α 放射性核素的标准源多由电镀制成。如在不锈钢衬底上的 ^{239}Pu、^{241}Am 电镀源。但是某些核辐射测量中需要用特定的材料（如铝）作衬底，而水溶液电解时对某些电极材料的腐蚀限制了该法的适用性。因此，近十几年来逐步发展了一种新的电沉积技术——分子电镀法，即在非水介质中的电沉积。该方法是在含有沉积元素的有机溶剂介质中，外加 800～1 000 V 左右的电压，可在适当的衬底材料上进行电沉积，因沉积上去的该元素是以某一化合物形式存在，故称分子电镀。它克服了水溶液电沉积的缺点又改善了源的均匀性和牢固性，在核辐射测量中应用很广。

反冲电沉积法制源是基于核衰变时，子体反冲而与母体样品脱离来实现的。当原子核发生 α 或 β 衰变时，子核受反冲。当反冲能足够大时，子核就能从母体样品中“逸出”，形成反冲原子。反冲原子由于在衰变时受到激发，电离与介质发生多次碰撞等原因，致使反冲原子以正离子形式存在。因此通过外加电场，使反冲原子沉积在电场的负极即源承托物上，以达到制源的目的。

厚源的制备通常有过滤法、悬浮法及填充法。

1）过滤法

如样品为沉淀，而且与它平衡的溶液体积较大，最好用可拆卸漏斗进行抽滤。为了使源各处厚薄均匀，在抽滤前，先将全部沉淀均匀分布在漏斗内，然后再行抽滤，并尽可能将沉淀抽干，取出抽至近干的源，外加压样环在红外灯下缓慢烘干。在不影响样品测量的前提下，为防止样品发生龟裂，烘干前可加少量 0.5%的坷罗町作黏合剂。

2）悬浮法

如样品为少量的固体沉淀，则可加入少量水或有机溶剂，混合均匀后，用滴管将悬浮液全部转移到测量盘内，然后置于红外灯下缓慢烘干。

3）填充法

用滤纸、多孔陶瓷、某些粉末状化合物作为支持体，将放射性溶液或固体均匀吸附在这些支持体上而成。

除此之外，目前还用粉末冶金法，如将银粉和 ^{137}Cs 在高温高压下烧结成固体放射性铯源。也有用珐琅法：即将放射性渗入珐琅内经熔融和焙烧而成固体厚源。

实验一　放射源的分装与测量

[实验目的]

1. 了解各类源的包装要求。
2. 训练较高活度放射源的分装技术。
3. 在放射性的操作过程中，消除对放射性物质的盲目麻痹或恐惧心理。
4. 掌握液体闪烁计数器的使用。

[实验内容]

从事放射性同位素操作时，首先碰到的问题是怎样开启和分装同位素工厂供给的放射源。

放射性同位素产品，一般均有内包装和外包装。液体放射源的内包装通常采用青霉素瓶，放射源标准溶液则装于中性硬质安瓿瓶中。由反应堆照射生产的固体放射性核素，不经过化学加工，装在带盖的石英瓶或小铝筒中（上面系一条棉绳，便于使用时吊取），放在一个纸套内，然后装在外包装容器中。外包装据核素的辐射类型，分别用胶木盒（塑料盒）、带铅套的胶木盒（塑料盒）或铅容器。放射源的外包装要求表面的剂量率必须符合国家规定的剂量限制标准，见表1。

表1　放射源包装物表面剂量限制

运输包装物等级	γ射线限制剂量率/(μR/s)	
	包装表面处	距离包装物1 m处
一	0.1	—
二	3.0	0.1
三	55	0.1～2.5
四	—	2.5～15

放射源的毒性越大，活度越高，对辐射防护的要求也越高。分装、转化和操作放射源时必须根据核素的活度、比活度、半衰期、射线类型及其能量、化学状态等的不同情况，制订相应的防护措施和操作步骤，并先作空白试验以熟练操作。为了防止放射性核素对人体引起内照射的危害，通常使用各种类型具有一定屏蔽作用的密闭工作箱（如α、β、γ工作箱），或内部保持一定负压的通风橱。但要特别注意，在操作放射性粉末时，切不可排风。为了防止外照射对人体的危害（特别是对γ放射源），则应当采取必要措施，主要可从以下3方面考虑：

1）选用适当的防护材料建造防护层来吸收γ辐射。

2）使用操作钳、机械手，以增加人体和放射源之间的距离。

3）制定合理的工作程序，熟练掌握操作技术，尽量缩短操作时间。

分装放射源时，工作人员所受的辐射剂量不应超过国家规定的剂量当量限值。

通常在分装 3.7×10^8 Bq 以下的 γ 放射源时，可应用一般的操作钳，操作钳有 40 cm 长即可。钳的前端可设计各种夹具，由夹具夹住各种器皿，在夹玻璃器皿时不可用力太猛。夹具通常由不锈钢制成，最好在它外面套上塑料外层。分装 3.7×10^8 Bq 以上的 γ 放射源时，可在 γ 工作箱中进行。在 γ 工作箱中用简易的机械手与转动球承联合使用，这样使机械手与箱之间不至于产生缝隙，保证工作箱具有良好的防护与密闭条件，同时可保证机械手的操作在广泛的活动范围内灵活方便。

由于 ^3H 为低能 β 放射体，其平均能量为 5.72 keV，最大能量仅为 18.61 keV，在空气中其射程很短，不易产生外照射，且放射性毒性少，本实验选择 ^3H 作为实验对象。

[主要试剂和仪器]

1. ^3H 液体源。
2. 液体闪烁计数器。
3. 通风橱。
4. 微量移液器。
5. 容量瓶。
6. 闪烁液（溶剂为甲苯，第一溶质为 PPO：5 g/L，第二溶质为 POPOP：0.15 g/L）。

[实验步骤]

（1）阅读放射性核素产品说明书（本实验无说明书，实验前应查相关的资料，以了解 ^3H 的一些性质），了解产品中放射性核素的核性质（辐射类型、能量、半衰期等）及一般化学性质，决定操作方法和相距 0.5 m 处的防护措施（对于 ^3H 源的分装，可不考虑相距 0.5 m 处的防护措施）。

（2）拟订分装程序，准备好全部仪器、试剂、防护器材，必要时应先做空白试验，操作至熟练为止。

（3）开启和分装源。

分装应在通风橱或密闭手套箱内进行。放有瓷盘、吸水纸等。实验前测量实验场地的剂量率和表面污染情况，并做好记录。在通风橱中将装 ^3H 源的瓶及容量瓶放入瓷盘中，开启 ^3H 源瓶，微量移液器从中移取适量的 ^3H 溶液（0.1～0.5 mL）注入 100 mL 容量瓶中，盖上 ^3H 源瓶。往容量瓶中加蒸馏水至刻度线，盖上瓶盖，摇匀，备用。

（4）取两个计数瓶编上相应的编号，分别加入 10 mL 闪烁液，将两计数瓶放入通风橱中的瓷盘中。分别从 ^3H 源瓶中和 100 mL 容量瓶中各取 0.1 mL 试样加入到相应的计数瓶中，盖上计数瓶盖，摇匀，然后将其放入液体闪烁计数器中，关上液体闪烁计数器的门，避光。再一次测量实验场地的剂量率，做好记录，比较前后两次的测量结果是否一致。

（5）氚活度测量

经过一段时间的避光后，根据样品浓度情况，通过计算机编程，然后进行测量。

[结果计算]

根据测量结果计算 ^3H 浓度，然后比较分装前后 ^3H 浓度的变化情况。

[思考题]

1. 源的分装过程中在辐射防护方面应注意一些什么？

2. 简述液体闪烁计数器的原理。

实验二　ThB-ThC 的分离与鉴定

［实验目的］

1. 利用电沉积法收集 ThB（^{212}Pb）、ThC（^{212}Bi），通过滤纸分出放射性纯的 ThC（无 ThB），并根据衰变情况鉴定。

2. 熟悉收集射气淀质并转入溶液的方法（了解积聚同位素的时间控制，射气淀质收集装置的有关原理）。

3. 熟悉控制放射性同位素状态，用滤纸分离出同位素的方法（利用化学处理和加反载体的方法使 ThB 不成胶体，使 ThC 生成胶体或正离子，而被滤纸吸附）。

4. 熟悉根据衰变情况鉴定放射性同位素的方法。

［实验原理］

本实验是利用 ThB、ThC 两种放射性同位素在溶液中的不同状态和性质，通过试纸的吸附而加以分离。根据多方面的研究，我们知道处于低浓度状态的 ThB、ThC 在弱酸性、中性或碱性溶液中能形成胶体（真胶体或假胶体），同时也有一部分是以离子状态存在，而其中 ThC 形成胶体的趋势比 ThB 更大，因为相应的氢氧化物的溶度积常数小得多（$K_{SP[Bi(OH)_3]}=4.0\times10^{-31}$，$K_{SP[Pb(OH)_2]}=1.2\times10^{-15}$），故生成难溶物或被吸附的趋势都较大。

在放化工作中，有时可用滤纸来吸附分离极微量的离子或胶体，例如 ThB、ThC 都可被滤纸吸附。但本实验分离 ThB 与 ThC，要求滤纸只吸附 ThC，不吸附 ThB，为此可加入 ThB 的同位素载体 $Pb(NO_3)_2$，起反载体作用。由于加入的 $Pb(NO_3)_2$ 比起 ThB 原子数量多得多，故把 ThB 的吸附降至可以忽略的程度；此外在选择溶液 pH 时要利用 $Pb(OH)_2$的两性性质。

$$Pb(OH)_{2(难溶)}+2OH^- \rightleftharpoons PbO^{2-}_{2(可溶)}+2H_2O$$

加大溶液中 OH^- 离子浓度从而加大 Pb 的溶解度，使其保持在溶液中，便于与 ThC 分离。

上述分离的实现与反载体的作用有很大关系，而反载体起作用的前提是：载体［$Pb(NO_3)_2$］与被载带物［ThB］确实有相同状态（一般载体也有这个要求），事实上由于 ThB 事先已有部分处于其他状态（如胶体），因此必须采取措施将 ThB 转化为离子状态。为此可加入浓的无机酸、强络合剂或使胶体与同位素离子进行同位素交换等，本实验中采用了络合剂的办法，即用 EDTA 的碱性溶液来处理。（煮 20 min 以上）

射气溶质收集装置的简单原理：^{220}Rn 的衰变链如下：

$$^{220}Rn \xrightarrow{\alpha,55.6\ s} {}^{216}Po \xrightarrow{\alpha,0.145\ s} {}^{212}Pb \xrightarrow{\beta^-,10.64\ h} {}^{212}Bi \xrightarrow{\beta^-,60.6\ min} {}^{212}Po \xrightarrow{\alpha,3.0\times10^{-7}\ s} {}^{208}Pb$$

射气衰变后产生一系列放射性同位素，由于衰变时的反冲能量，蜕变产物的原子多半是带正电荷的，所以在有射气的空间引入带负电的电极时，带正电的离子很容易沉积在电极上，构成所谓“射气淀质”（或“放射性淀质”，“活性淀质”都是一个意思）。射气淀质中各种原子的数目取决于产生射气的物质的有关特性（内含射气母体原子的多少、射气系数等)，所加电压和用电极收集的时间（这决定了射气溶质与产生射气物质达到放射性平衡的程度）以及空气的湿度。射气淀质收集装置如图 1 所示。

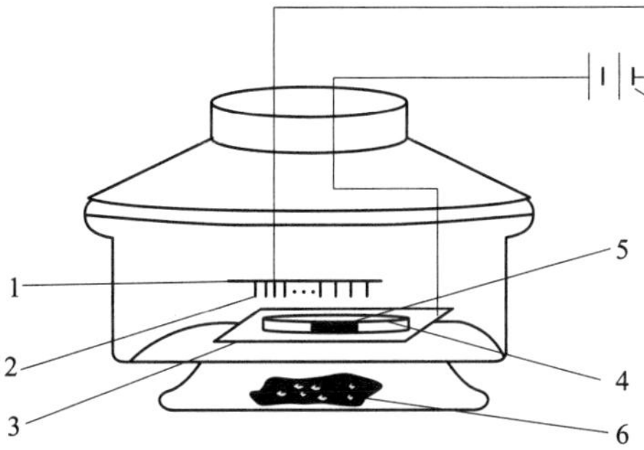

图 1 射气淀质收集图

1—阴极；2—收集淀质用铝片；3—铝板阳极；4—培养皿（ϕ>10 cm)；5—固体^{220}Rn 源；6—湿棉花（用以扩大装置内湿度以减少附壁，提高收集效率)；7—电源（300～500 V)

[主要仪器与试剂]

1. 计数装置：定标器、计数管、镊子、检验源。
2. 射气淀质收集装置。

3. 铝片		一片。
4. 磁盘	大	一个。
5. 量筒（杯）	10 mL	一个。
6. 布氏漏斗	ϕ=2～3 cm	一个。
7. 抽滤瓶		一个。
8. 烧杯（附表皿）	100 mL	二个。
9. 滴管		二个。
10. 塑料盘	ϕ=4 cm	三个。

11. 浓 HNO_3，EDTA 二钠盐，NaOH 溶液（5%），$Pb(NO_3)_2$ 溶液（10 mg/mL），NaOH 溶液（0.2 mol/L)。

[实验步骤]

(1) 将铝片及托盘放在计数管架上，测量其本底 $N_{铝片本底}$。该值用于检验用浓硝酸洗吸附子体后的铝片是否洗干净。

(2) 实验前两天（或一天）将一片铝片放入射气淀质收集装置内，记下放入的时间，将该装置的电压调到 300 V。

(3) 用小镊子取出放置两天（或一天）的铝片，放在塑料盘内，记下取出时间。将盛有铝片的塑料盘放在计数管架的最高一格的固定位置上进行测量，测量值为 $N_{铝1}$。然后放在一个 100 mL 的烧杯中，各加入 2 mL 浓 HNO_3 在电热板（或电炉）上加热 2～3 min 至溶液变黄即可取下，不时振摇使铝片与 HNO_3 充分接触。取下烧杯，稍冷却后，用镊子夹出铝片。在烧杯上方用滴管取蒸馏水仔细冲洗铝片，水流入烧杯中（每次洗水不宜过多，应少量多次地洗）。然后将铝片放入塑料盘中，在同样的位置上测量，测量值

为 $N_{铝2}$。

（4）将所得洗提液在电热板（或电炉）上蒸发至干，加入半勺 EDTA 二钠盐，和 20 mL 5%的 NaOH 溶液，盖上表面皿继续在电热板（或电炉）上加热。当溶液蒸发至约 8 mL 时，取下烧杯，用滴管加约 1 mL $Pb(NO_3)_2$（10 mg/mL），同时不断搅拌，准备过滤。

（5）过滤前，测量滤纸及托盘的本底 $N_{纸片本底}$，此本底用于求 ThC 的净计数。

（6）往布氏漏斗中放入两层定性滤纸，压实并用少量去离子水湿润。将所得溶液用布氏漏斗过滤，过滤速度控制适当，使其一滴滴地滤下，滤完后用滴管取 0.2 mol/L NaOH 冲洗滤纸和漏斗五遍，抽干。

（7）将漏斗连塞取下放在塑料盘上，在红外灯下烤干，用镊子取出滤纸，放在另一测量好本底的托盘上，烘干，进行测量记下开始时间，每次测量 5 min 停 15 min，共约测量 80～180 min，计下其计数 $N_{纸i}$，$i=1$，2，3，…

[数据处理]

将所得测量数据列表，做出净计数的自然对数与时间的关系图，分析所得数据，求出其半衰期，做出适当的结论与讨论。

[思考题]

1. 将 $N_{铝1}$-$N_{铝2}$ 与 $N_{纸1}$-$N_{纸片本底}$ 进行比较有何不同，为什么？

2. 通过本次实验，你对放射化学的基本特点有何理解？

[操作注意事项]

1. 使用射气淀质收集装置时，注意勿将铝片掉下。
2. 抽滤可用注射器进行，但须注意勿鼓气以免将滤纸吹起。
3. 测量条件要固定，注意保持装置的计数效率不变。
4. 测衰变曲线时勿将秒表关上。

实验三　点源的制备及放射性溶液浓度的测定

[实验目的]

1. 练习并掌握放射性溶液转移的基本操作。

2. 制备点源，测定放射性溶液的浓度。

[实验原理]

在放射化学实验中，由于实验目的和具体要求不同，常常需要将高浓度的原始放射性溶液进行稀释。并需测定原始溶液或稀释后溶液的放射性浓度。

在相对测量中，用 cpm/mL 表示放射性溶液的相对浓度。对于放射性浓度较高的溶液，必须经过稀释甚至多次稀释，才能进行测定。要求稀释后用少量溶液制成的测量源，其活度与用来作校正测量的标准源的活度相近（如用 G-M 计数管进行测量，一般以 5 000～7 000 cpm 为宜）。然后根据测得标准源和测量源的计数率及稀释倍数，算出原始溶液的放射性浓度。

设一放射性溶液的原始放射性浓度为 C，移取原始放射性溶液的体积为 V，稀释后溶液的放射性浓度为 C_1，稀释后溶液的体积为 V_1，则

$$CV=C_1V_1 \tag{1}$$

若已知 C、V 及稀释后溶液的浓度 C_1，则根据上式可求出需要稀释的体积 V_1；反之，若 C_1、V_1 及 V 为已知，则可求出原始放射性溶液的浓度 C。

[主要试剂及仪器]

1. ^{144}Ce 放射性溶液（6×10^4 cpm/mL）。

2. 0.2 mL、0.5 mL、1.0 mL 移液管若干，5 mL 离心试管若干，针筒、洗耳球或橡皮滴头等。

3. G-M 钟形计数管，FH408 自动定标器一套。

4. 不锈钢或有机玻璃测量盘若干只，红外灯一只。

[实验步骤]

（1）先用水做空白试验。借助橡皮滴头，用 0.2 mL 移液管准确移取 0.020 mL 溶液（应用减出量法移取），然后使用针筒（或洗耳球）以 1 mL 移液管准确地移取 0.80 mL、0.90 mL 及 1.00 mL，反复练习到熟练掌握。

（2）从铅罐中取出贮有 ^{144}Ce 液体源的容器，置于防护屏后的瓷盘内，小心用镊子打开塞子。

（3）用 0.2 mL 移液管，移取 0.10 mL ^{144}Ce，放射源溶液至一支干燥的试管内，用 1 mL 移液管加入 0.90 mL 蒸馏水（若原始溶液浓度较高，可稀释至 5 mL），小心混合均匀，此为溶液Ⅰ。

（4）用 0.5 mL 移液管移取 0.40 mL 溶液/至另一支干燥试管中，再用 0.5 mL 移液管移入 0.20 mL 蒸馏水，小心混合均匀，此为溶液Ⅱ。

（5）用 0.2 mL 移液管分别移取溶溶液Ⅰ和溶液Ⅱ 0.020 mL，至两只烘干的已知本

底的不锈钢测量盘中，小心将液体滴加在测量盘的中央，直径不超过 3 mm，在红外灯下烘干，最后得点源Ⅰ、Ⅱ，每个点源作 2～3 个平行样品。

（6）选择适当几何位置用 G-M 计数管进行测量。

［数据处理］

1. 根据测得点源Ⅰ的计数率，算出溶液Ⅰ的相对放射性浓度 C_1，然后按式（1）求出原始放射性溶液的浓度。

2. 根据测得点源Ⅱ的计数率，算出溶液Ⅱ的相对放射性浓度，再由溶液Ⅰ的稀释倍数，推算出原始放射性溶液的相对浓度。并与前面计算所得结果进行比较，求出它们的相对误差。

［思考题］

1. 由测得的原始放射性溶液的相对浓度如何计算出它们的绝对浓度？

2. 何谓点源？在哪些实验中应将测量源制成点源？

实验四　分光光度法测定土壤中的钍

［实验目的］

1. 了解试样熔融方法。

2. 掌握分光光度法测定土壤中钍的原理，并熟练使用分光光度计。

［实验原理］

试样经过氧化钠熔融、水提取、过滤。沉淀溶于 4 mol/L 盐酸，在酒石酸掩蔽下，用氢型 743 大孔强酸性阳离子交换树脂交换吸附钍，用氯化铵转型，草酸铵解脱钍，使钍与铀、锆、锑、铁、磷、稀土等干扰元素分离，在 4 mol/L 盐酸介质中用铀试剂Ⅲ光度法测定。

［主要仪器与试剂］

1. 仪器：小量筒，电子天平，移液管（2 mL，5 mL），容量瓶，锥形瓶（250 mL），小烧杯，滴定管（50 mL），分光光度计。

2. 试剂：过氧化钠，抗坏血酸，盐酸（1.19 g/mL），盐酸（4 mol/L），氢氧化钠（10 g/L），酒石酸溶液（400 g/L，40 g 酒石酸溶于 100 mL 4 mol/L 盐酸），氯化铵溶液（200 g/L），草酸铵溶液（10 g/L），铀试剂Ⅲ溶液（1 g/L）。钍标准溶液［100 μg/mL：0.011 38 g 经 400 ℃灼烧过的二光谱纯二氧化钍，置于 250 mL 烧杯中，加 10 mL 4 mol/L 盐酸和少许氟化钠，加热溶解后，加 2 mL 高氯酸（1.67 g/mL），加热蒸发至干，加 2 mL 盐酸（1.19 g/mL），放水浴上蒸干，加 10 mL 盐酸（1.19 g/mL）及适量水，温热溶解，移入 100 mL 容量瓶中，补加 23 mL 盐酸，用水稀至刻度，摇匀］。

［实验步骤］

（1）离子交换柱的制备：玻璃柱（内径 1 cm，柱高 9 cm）底部垫丝，将近已转成氢型的树脂装入柱子中，树脂层高 8～9 cm。树脂的转型：过筛收集 40～60 目 743 阳离子树脂，水浸泡 24 h，除悬浮物，再用工业乙醇浸泡 4 h 除醇溶物，水洗至无醇。用 2 倍树脂表观体积的盐酸（4 mol/L）分批转型 4 次，每次用盐酸（4 mol/L）浸泡 2～4 h。使用过的树脂 20～30 mL 用水淋洗除去铵盐，再用盐酸（4 mol/L）洗树脂，即转为氢型。

（2）试样制备：试样粉碎至粒度小于 74 μm，自然晾干，备用。

（3）试样测定：称取 0.5 g 试样于坩埚中，加入过氧化钠，搅匀，再加一层过氧化钠。置于 600～700 ℃的高温炉中熔融 10 min，取出冷却，置于 250 mL 烧杯中，加 100 mL 沸水，盖上表面皿。待剧烈反应停止后，洗出坩埚。煮沸，稍冷后过滤，用氢氧化钠溶液洗涤烧杯和沉淀 5～6 次，沉淀用热的 4 mol/L 盐酸溶解于原烧杯中，加 2 mL 酒石酸溶液，搅匀，将溶液全部转入交换柱内，其余步骤同标准曲线绘制。

（4）标准曲线绘制：准确分取 0、2.5、5.0、7.5、10.0、15.0、20.0 μg 钍标准溶液于一组 100 mL 烧杯中，加入 10～20 mL 盐酸（4 mol/L），加 2 mL 400 g/L 酒石酸溶液，搅匀，将溶液倒入事先用盐酸（4 mol/L）平衡过的交换柱中，用盐酸（4 mol/L）

冲洗烧杯3次，溶液以每分钟1.5～2.0 mL流速通过树脂，流干后，用30 mL（4 mol/L）分4次淋洗树脂柱，待溶液流完后，倒入15 mL氯化铵溶液（200 g/L），流干，再用10 mL水洗去氯化铵，最后用10 mL草酸铵溶液（10 g/L）分两次洗脱钍，流入500 mL容量瓶中，再用5 mL水洗树脂。于容量瓶中加入17 mL盐酸（1.19 g/mL），摇匀，稍冷后加入少许抗坏血酸，摇匀。加入3 mL铀试剂Ⅲ溶液（1 g/L），用水稀至刻度，摇匀。在分光光度计上于波长665 nm处，以5 cm比色皿测吸光度，所得结果列于表1，并绘制标准曲线。同做空白样一份。

结果计算：

$$W=\frac{m_1-m_0}{m}$$

其中，W是钍的质量分数；m_1是从标准曲线上查得的试样中质量，μg；m_0是从标准曲线上查得的空白样中质量，μg。

表1 钍标准溶液的吸光度

钍标准溶液/μg	吸光度 A
0	
2.5	
5.0	
7.5	
10.0	
15.0	
20.0	

［数据记录与处理］（见表2）

表2 数据记录与处理表

试样称样量/g	吸光度 A	试样中钍含量/(mg/g)

[思考题]

1. 本方法中，铀与草酸铵能形成沉淀吗？

2. 本方法中，为何要进行树脂转型？

实验五　工作场所的表面污染监测

[实验目的]

1. 了解表面污染测量仪器的性能和工作原理。
2. 掌握刻度仪器的方法。
3. 熟悉 α、β 放射性污染监测，测量数据的分析与计算。

[实验原理]

FJ—2207 型 α、β 表面污染测量仪采用闪烁探测法，用来监测放射性工作场所和实验室的工作台面、地板、墙壁、手、服装等表面的 α 或 β 放射性污染的活度。当 α 或 β 射线通过闪烁体时，闪烁体吸收入射粒子能量，使闪烁体的原子或分子被激发，这些被激发了的原子或分子在退激时发出光子。光子被光电倍增管的光阴极吸收，转换成光电子，经过放大，在光电倍增管的输出极上形成一个电信号送到放大器，放大成所需要的幅度后，由视窗甄别 α 或 β 信号，此信号被送到计数电路，通过 4 位数码管显示相应的值。同时，α 或 β 信号经过成形驱动送到音响电路，使蜂鸣器对 α 或 β 信号发出不同音调的音响，工作原理如图 1 所示。

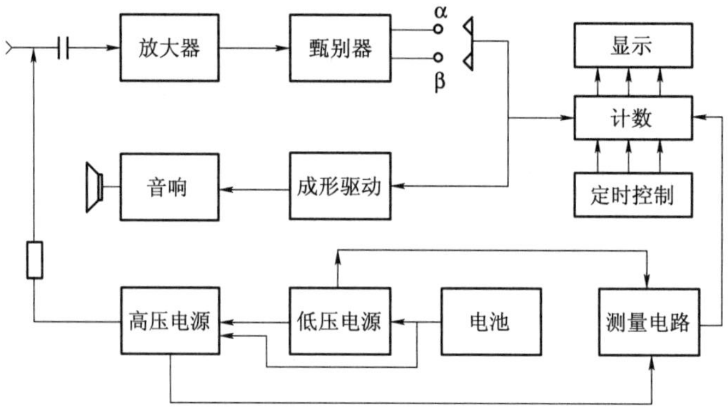

图 1　工作原理图

[主要仪器]

FJ—2207 型 α、β 表面污染测量仪。

[实验步骤]

(1) 将 α 或 β 探头连接好仪器，工作开关处于 α 或 β 位置，将电压选择开关置“低压”，时间选择开关置“1”，按下电压检查按钮，检查电池电压是否大于 2 V，否则应更换电池。

(2) 选取仪器高压工作点，取一合适的放射源，将探头置于源面上，按下高压检查按钮，调整“高压调节”电位器，每调高一次电压记录下相应的脉冲计数，依次逐点测量，画出计数率/高压曲线。从而确定仪器的工作点，注意仪器在此工作点工作时，本底应满足技术要求范围，$E_\beta \geqslant 30\%$，本底$\leqslant$4 CPS；$E_\alpha \geqslant 30\%$，本底$\leqslant$0.04 CPS。

[数据记录与处理]

测量工作台面、地板等表面污染水平并计算：仪器测量显示的数据除以测量时间得出CPS数。

$$污染水平(Bq/cm^2)=\frac{N-N_0}{E\times S}$$

式中：N 为实测数，CPS；N_0 为本底数，CPS；E 为仪器探测效率（$E_\alpha\geqslant 32.4\%$；$E_\beta\geqslant 39.4\%$）；S 为仪器探测面积（50 cm^2）。

[思考题]

1. 污染水平是指所测面积上污染物质的放射性活度吗？

2. 哪些情况下的表面污染不适合做直接测量？

实验六　酸度对 PMBP 萃取钍的影响

［实验目的］

1. 了解 PMBP 萃取钍的基本原理。
2. 了解酸度与萃取率的关系。
3. 掌握 PMBP 萃取钍的有关实验技术。

［实验原理］

1-苯基-3-甲基-4-苯甲酰吡唑酮（5），又称 PMBP，它是β-二酮类酸性螯合剂，分子量为 278.19，它具有烯醇式和酮式两种结构。

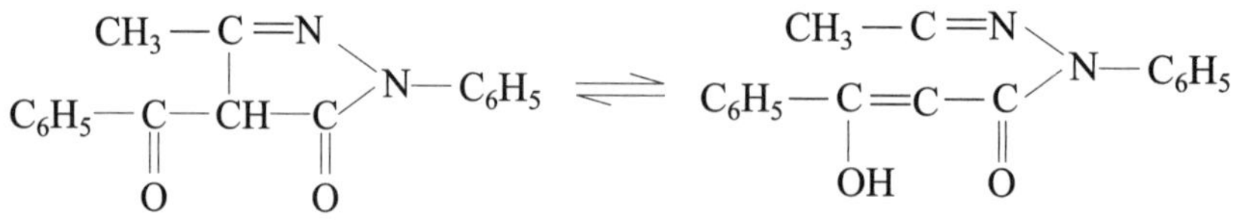

酮式　　　　烯醇式

当 PMBP 在石油醚和庚烷中重结晶时，获得的是黄绿色立方体的烯醇式结构，熔点为 86～92 ℃；若在甲醇或乙醇水溶液中重结晶时，得到的是白色酮式结构，熔点为 118～122 ℃。尽管 PMBP 有不同的结构，在萃取过程中均以烯醇式结构进行反应，因而所显现的萃取行为是一致的。

溶剂萃取法是一种重要的化学分离技术。用溶剂萃取法来提取，纯化化学物质具有简单、快速、高效、易于连续操作的自动控制以及成本较低等优点。溶剂萃取法已广泛应用于铀钍工艺学、放射性核素的制备、放射分析化学和有色金属冶炼等领域。近年来，溶剂萃取化学的研究有很大的进展。

根据溶剂机制的不同，溶剂萃取体系大致可分为简单分子萃取、中性溶剂合物萃取、阳离子交换萃取、离子缔合萃取和协同萃取等。本实验的考察对象是阳离子交换萃取体系，研究酸度与金属离子萃取率的相关性。

螯合萃取是阳离子交换萃取的一种，萃取剂是一种酸性螯合剂（HA）。萃取时，水相中的金属离子 M^{n+} 与萃取剂中的 H 发生置换反应，由此生产一种难溶于水而溶于有机溶剂的稳定螯合物，金属离子由此而被萃取入有机相。萃取反应可描述如下：

$$M^{n+}_{(a)}+n\text{HA}_{(o)}\rightarrow \text{MA}n_{(o)}+nH^{+}_{(a)}$$

上述反应的萃取平衡常数 K 为

$$K=\frac{[\text{MA}_n]_{(o)}[H^+]^n_{(a)}}{[M^{n+}]_{(a)}[\text{HA}]^n_{(o)}}$$

式中：$[\text{MA}_n]_{(o)}$ 为生成金属螯合物的浓度；$[M^{n+}]_{(a)}$ 为平衡水相中游离金属离子的浓度；$[\text{HA}]^n_{(o)}$ 为螯合剂的浓度；$[H^+]^n_{(a)}$ 为平衡水相中氢离子浓度。

当水相中金属离子主要以游离金属离子 M^{n+} 形式存在时，金属在两相间的分配比 D 可表示为：

$$D=\frac{[MA_n]_{(o)}}{[M^{n+}]_{(a)}}$$

把上式代入 $K=\frac{[MA_n]_{(o)}\ [H^+]^n_{(a)}}{[M^{n+}]_{(a)}\ [HA]^n_{(o)}}$，可得：

$$D=K\frac{[HA]^n_{(o)}}{[H^+]^n}$$

即：

$$\log D=\log K+n\log[HA]_{(o)}+n\text{pH}$$

金属的萃取率 E 为：

$$E=\frac{100D}{D+V_{(a)}/V_{(o)}}$$

式中：$V_{(a)}$ 和 $V_{(o)}$ 分别为水相和有机相的体积。当 $V_{(a)}=V_{(o)}$ 时，存在下列关系式：

$$\log E-\log(100-E)=\log K+n\log[HA]_{(o)}+n\text{pH}$$

由上式可知，当萃取剂浓度一定时，萃取率 E 对 pH 作图可得一条 S 形曲线。

为便于描述萃取率与 pH 的关系，在实际工作中引进一个 $\text{pH}_{1/2}$ 的概念。它的含义是萃取率为 50%时的 pH。当 $V_{(a)}=V_{(o)}$ 时，从上式可见：

$$\text{pH}_{1/2}=\frac{-\log K}{n}-\log[HA]_{(o)}$$

显然，当 $[HA]_{(o)}$ 一定时，pH 只是 $\log K$ 的函数。$\log K$ 越大则 $\text{pH}_{1/2}$ 越小，螯合萃取剂对金属的萃取能力越大；反之亦然。由此可见，在 $[HA]_{(o)}$ 给定时，$\text{pH}_{1/2}$ 值可以作为螯合剂对金属萃取能力大小的一个量度。不难理解，两种金属离子，若其 pH 的差异愈大，分离则愈容易。据此，在螯合剂萃取体系中，控制溶液酸度是提高分离效率的重要手段。

目前，用于铀钍分离的常见螯合剂有 β-二酮类（如 TTA、PMBP）、8-羟基喹啉（HO_x）、羟氨衍生物（如 NBPHA）、双硫腙（如 HDZ）和吡啶偶氮类（如 PAN、PAR）等。

本实验采用 PMBP 为萃取剂，苯为溶剂，在 HCl 介质中研究溶液酸度对钍萃取率的依赖关系。

[主要试剂及仪器]

1. PMBP，在 1∶3 的氯仿和石油醚中重结晶 3 次，熔点 86～92 ℃。
2. 苯，经浓硫酸洗涤，除去噻吩，用水洗至中性，干燥脱水后，蒸馏收集 79.5～80 ℃馏分。
3. 0.01 mol/L PBMP-苯溶液、称取 1.39 g PMBP，溶于 500 mL 苯中。
4. 钍溶液，配置浓度为 25 μg Th/mL-0.1 mol/L HCl 溶液。
5. 0.1%铀试剂Ⅲ-8%草酸溶液。称取 0.5 g 铀试剂Ⅲ和 40 g 草酸，溶于 500 mL 水中。
6. 4 mol/L、8 mol/L HCl 溶液，以上试剂均为二级纯。
7. 72 型分光光度计。
8. 康氏振荡器。
9. 20～30 mL 分液漏斗，各种规格的移液管，10 mL 小烧杯等。

[实验步骤]

(1) 取1～7号25 mL容量瓶7支，加入5.00 mL钍溶液（25 μg Th/mL），分别用已知浓度的HCl溶液调节溶液的酸度为3.0、1.0、0.70、0.50、0.40、0.20和0.10 mol/L等7种酸度（注意：已知浓度的HCl溶液的加入量应预先计算好），用蒸馏水稀至刻度。

(2) 从已经调节好的酸度的1～7号25 mL容量瓶中，各取出10.00 mL分别置于1～7号分液漏斗，各加入10.00 mL 0.01 mol/L PMBP-苯溶液，盖紧塞子，在振荡器上振荡30 min，取下静置分层5 min，分出水相，分别置于1～7号10 mL的小烧杯中。

(3) 在1～7号分液漏斗中，分别加入10.00 mL 4 mol/L HCl溶液反萃取，振荡20 min，静置5 min，分出水相，分别置于8～14号小烧杯中。

(4) 从1～7号小烧杯中，分别移取5.00 mL萃余液于1～7号25 mL容量瓶中，在1号容量瓶中加入10 mL 8 mol/L HCl溶液，其余均加入12.5 mL 8 mol/L HCl，再加入8%草酸的0.01%铀试剂Ⅲ溶液2.5 mL，用水稀至刻度。

(5) 取8～14号小烧杯中的反萃取液5.00 mL于8～14号25 mL容量瓶中，加入上述铀试剂Ⅲ溶液2.5 mL，以4 mol/L HCl溶液稀至刻度。放置10 min，在72型分光光度计上测定钍浓度，λ=660 nm，1 cm比色皿，以试剂空白作参比。

[实验结果与数据处理]

1. 将实验测得的数据列入表1。

表1　实验测得的数据表

编　号	溶液酸度 (mol/L)	萃余液吸光度 A_1	编　号	反萃液吸光度 A_2	$\frac{A_2}{A_1+A_2}\%$
1	3.0		8		
2	1.0		9		
3	0.7		10		
4	0.5		11		
5	0.4		12		
6	0.2		13		
7	0.1		14		

2. $\frac{A_2}{A_1+A_2}\%$—pH作图，绘出S曲线。从曲线上查得萃取率为50%时的pH，即$pH_{1/2}$，并与文献值进行比较。

[思考题]

1. 若有 Zr^{4+}、Ce^{3+}、Zn^{2+} 和 Na^{+} 4 种价态的金属离子，在用 PMBP 萃取时，测得 4 条 S 形曲线，试预期这些曲线形状有何规律性，为什么？

2. 影响螯合萃取的主要因素是什么？实际体系中如何予以控制？

第二部分

专业实验

实验一　铀、镧在30%TBP-煤油中分配系数的测定实验

［实验目的］

1．掌握测定分配系数的方法。

2．掌握液-液萃取塔的操作方法。

3．了解物质在两相间的分配情况及影响因素。

［实验原理］

在恒定温度下，将一种溶质（A）溶在两种不互溶的液体溶剂中，达到萃取平衡时，它在有机相和水相中浓度的比值，叫做该物质的分配系数，用 α 表示：

$$\alpha=\frac{C_{o}}{C_{a}}$$

式中：C_o 为某物质在有机相中的平衡浓度；C_a 为某物质在水相中的平衡浓度。

可见，分配系数表示在萃取过程中，某物质被萃取的能力。某物质的分配系数越大，说明达到萃取平衡时，该物质进入有机相的量就越多，利用物质的分配系数的差别，可以通过萃取来分离不同的物质。某物质的分配系数的大小，与它本身的性质、萃取剂性质和萃取体系的其他条件有关。

液-液萃取设备的特点：液液相传质和气液相传质均属于相间传质过程。因此这两类传质过程具有相似之处，但也有相当的差别。两相间的重度差较小，界面张力也不大，所以从过程进行的流体力学条件看，在液液相的接触过程中，能用于强化过程的惯性力不大，同时已分散的两相，分层分离能力也不高。因此，对于气液接触效率较高的设备，用于液液接触就显得效率不高，为了提高液液相传质设备的效率，常常补给能量，如搅拌、脉动、振动等。为使两相逆流和两相分离，需有分层段，以保证有足够的停留时间，让分散的液相凝聚，实现两相的分离。

液-液萃取塔的操作：

(1) 分散相选择

在萃取设备中，为了使两相密切的接触，其中一相充满设备中的主要空间，并呈现连续流动称为连续相；另一相以液滴的形式，分散在连续相中，称为分散相。分散相对设备的操作性能，传质效果有显著的影响。分散相的选择可通过小试或中试确定。此外，萃取塔内连续相所允许的极限速度（泛点速度）与液滴的运动速度有关，而液滴运动速度与液滴尺寸有关。一般较大的液滴，其泛点速度较高，萃取塔允许有较大的流量；相反，较小的液滴，其泛点速度极低，萃取塔允许的流通量也较低。

(2) 萃取塔的操作

萃取塔在开车时，应首先将连续相注满塔中，然后开启分散相，分散相必须经凝聚后才能自塔内排出。因此当轻相作为分散相时，应使分散相不断在塔顶分层段凝聚，当两相界面维持适当高度后，再开启分散相出口阀门，并依靠重相出口的 U 形管自动调节界面

高度。当重相作为分散相时，则分散相不断在塔底的分层段凝聚，两相界面应维持在塔底分层段的某一个位置上。

[主要仪器与试剂]

1. 实验试剂：煤油、磷酸三丁酯、八氧化三铀、硝酸、硝酸镧。

2. 实验装置

本实验装置主要设备为往复振动筛板塔，内径 $D=50$ mm 的有机玻璃管，转盘直径 25 mm，萃取塔上部区域约为 250 mm，有效传质区为 1 000 mm。是一种效率比较高的液-液萃取设备，其基本结构如图 1 所示。振动塔的上下两端各有一沉降室。为使每相在沉降室中停留一定的时间，通常作为扩大形状。在萃取区有一系列的筛板固定在中心轴上，中心轴由塔顶外的曲柄连杆机构驱动，以一定的频率和振幅带动筛板作往复运动，当筛板向上运动时，筛板上侧的液体通过筛孔向下喷射；当筛板向下运动时，筛板下侧的液体通过筛孔向上喷射；当筛板连续作上下振动时，筛板两侧的液体通过筛孔反复上下喷射，使两液相液体处于高度湍动状态，使液体不断分散，并推动液体上下运动，直至沉降。

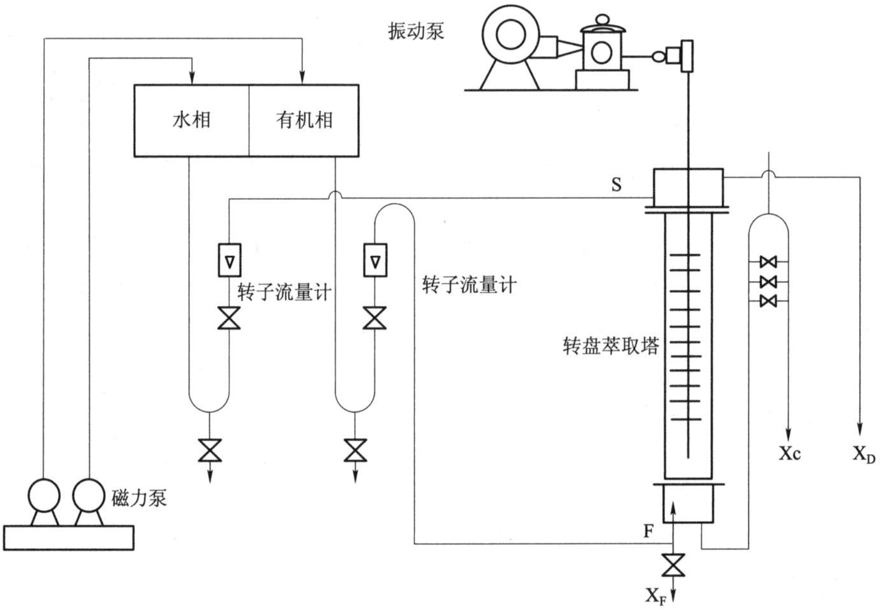

图 1 实验流程图

振动塔具有以下的几个特点：

1）传质阻力，接触界面大，萃取效率高。

2）在单位塔截面上通过的物料速度高，生产能力较大。

3）应用曲柄杆机构，筛板固定在刚性轴上，操作方便，结构可靠。

[实验步骤]

（1）开启转速传感器和数字显示仪，启动直流电机，调节转速，测定转速。

（2）以 30%TBP-煤油萃取水中的铀、镧为萃取物系，选用萃取剂与液料之比 1∶1，以煤油为分散相，水为连续相向塔中灌满连续相——铀、镧混合液，然后开启分散相——

30％TBP-煤油，待分散相在塔顶凝聚一定厚度的液层后，通过连续相的出口I形管，调节两相的界面于一定的高度。

(3) 待系统稳定后，取样分析，并读取数据。

(4) 改变转速，重复步骤 (3)。

(5) 在最佳频率或振幅下，测定本实验装置的最大通量或液泛速度。

(6) 实验结束，整理实验设备，恢复原样。

(7) 进行数据处理。

[数据记录与处理]

有机相流量________ L/h

水相流量________ L/h

萃取塔有效传质高度 H ________ m；

数据填入表1。

表1　数据记录

转　　速				
有机相中铀的浓度/(g/L)				
水相中铀的浓度/(g/L)				
铀的分配系数				

[思考题]

1. 影响铀的分配系数有哪些因素?

2. 本实验为什么不宜用水作为分散相，倘若用水作为分散相，操作步骤是怎样的，两相分层分离段应设在塔顶还是塔底?

3. 重相出口为什么采用U形管，U形管的高度是怎么确定的？

4. 什么是萃取塔的液泛？在操作中，怎么确定液泛速度？

5. 对液-液萃取过程来说是否外加能量越大越有利？

实验二　铀矿石中含铀量的测定

[实验目的]

1. 了解酸溶法铀矿分析的基本原理。

2. 初步掌握铀矿分析的有关实验技术。

[实验原理]

地壳中铀的平均含量约为（3～4）$\times 10^{-4}\%$。由于铀的分布非常稀散，因此，地壳中铀矿床中的铀的含量一般在百分之几到万分之几，大多数铀矿床中铀的平均含量低于1%。自然界存在的铀矿约有200种，其组成也非常复杂。根据铀矿的成因和产地，可把它分成原生铀矿和次生铀矿两类，前者以 $UO_2 \cdot U_nO_2 \cdot m PbO$ 形式存在，后者则以 $UO_2 \cdot n A_2O$ 为主。若以铀矿的化学组成来分类，大致可归纳十余种，其中包括氧化矿物、碳酸盐矿、硅酸盐、铌钽酸盐矿、磷酸盐矿、砷酸盐矿、钒酸盐矿、硫酸盐矿、钼酸盐矿以及含铀碳质物等。

铀矿石中铀的测定一般分为3个步骤：试样分解、铀与伴生杂质分离以及铀的测定。

(1) 试样的分解

铀矿石中铀量的准确测定，首先需要从矿石中“定量”提取铀。把铀矿石完全溶解是一种途径，将矿石经过适当处理，把其中的铀全部“浸取”出来也是可取的方法。

一般的铀矿石，经研磨、过筛（180目），大部分可被盐酸-过氧化氢或氯酸钾、磷酸-过氧化氢、王水等试剂所溶解。对于含硅量较高的矿石，可用盐酸-氢氟酸、硝酸-氢氟酸或硫酸-氢氟酸处理。在多数情况下，用氢氟酸、硝酸、硫酸或高氯酸混合物处理后，矿石中的铀都能定量溶出。对于一些很难分解的铀矿，则必须采用熔融方法来分解。如对含铌酸盐和钽酸盐的铀矿，既可以用氢氧化钠或者氧化钠一类碱性熔剂来分解，也可以用焦硫酸钾或氟化氢钾等酸性熔剂来处理。表1列出一些常见铀矿石样品及其分解方法，可供参考。

表1　一些常见铀矿样及其分解方法

矿样种类	分解试剂
氧化物矿	硝酸、氢氯酸-硝酸 熔融：过氧化钠、硫酸氢钠（钾）、氟硼酸钠
碳酸盐矿	盐酸
碳酸盐矿 磷酸盐矿	氢氟酸-盐酸（或硝酸、硫酸、高氯酸）熔融、碳酸钠 高氯酸、硝酸、王水 熔融：碳酸钠、过氧化钠、氢氧化钠
钛铌钽酸盐矿	氢氯酸 熔融：硫酸氢钠（钾）、过氧化钠、氢氧化钠、焦硫酸钾、氟化氢钾
硼硅酸盐矿	熔融：碳酸钠、氢氧化钠

续表

矿样种类	分解试剂
氯化物矿	硫酸
	熔融：硫酸钠
硅钛酸盐矿	盐酸 熔融：碳酸铀

本实验选用盐酸-过氧化氢分解矿石，然后经硝酸处理使铀转化成硝酸铀酰，由于矿石中的铀通常以 U_3O_8 或 UO_2 存在，较难被盐酸直接溶解。为此，在用盐酸或硫酸溶解 UO_2 或 U_3O_8 时，加入 H_2O_2 可加速溶解过程，H_2O_2 的作用是将 U(Ⅳ)氧化成 U(Ⅵ)，反应如下：

$$UO_2+2HCl+H_2O_2=UO_2Cl_2+2H_2O$$

$$U_3O_8+6HCl+H_2O_2=3UO_2Cl_2+4H_2O$$

经硝酸处理后氯化铀酰转变成硝酸铀酰：

$$UO_2Cl_2+2HNO_3=UO_2(NO_3)_2+2HCl$$

(2) 分离提纯

由于矿石中含有大量的铀的伴生元素，诸如 Si、S、P、F、Fe、Al、Ca、Mg、Cu、Th、RE 等，在溶矿时，其中部分杂质会妨碍或干扰铀的分析，因此，在铀的测定前必须把这些干扰成分除去。

铀的分离方法很多，常用的有沉淀法、萃取法、色层法、电化学法等。其中，溶剂萃取法应用最普遍，它具有操作简便、分离快速、选择性高等优点。本实验用磷酸三丁酯作萃取剂来分离纯化铀。在硝酸介质中，TBP 与 $UO_2(NO_3)_2$ 发生下列萃取反应：

$$UO_2(HO_3)_{2(a)}+2TBP_{(o)}=UO_2(NU_3)_2\cdot 2TBP_{(o)}$$

为了提高分离效率，选择最佳的萃取条件很重要，与此有关的因素有：TBP 浓度、水相酸度、加入掩蔽、洗涤以及盐析剂的使用等。具体条件要根据实际情况来控制。

(3) 分析

铀的定量分析方法很多，包括重量法、容量法、分光光度法、荧光法、反射分析法等。具体测定方法的选择要根据试样的性质、成分、铀含量多少等情况来考虑。当铀的含量在几个 ppm（1 ppm$=10^{-6}$）至 5%范围时，选用分光光度法测定铀有良好的准确度和精密度。本实验采用铀试剂Ⅲ分光度法测定铀。

铀试剂Ⅲ又名偶氮胂Ⅲ，其结构式为：

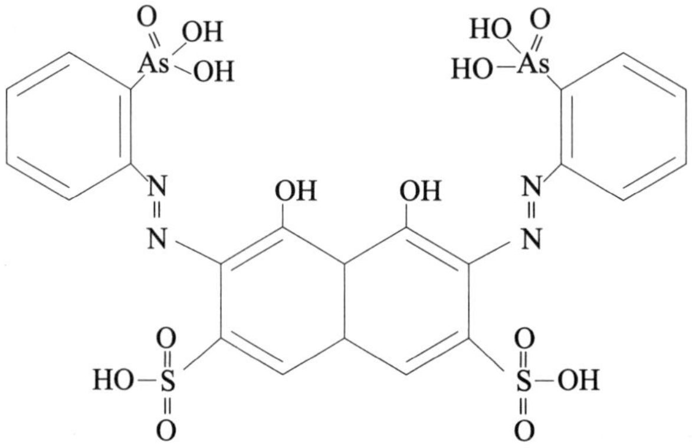

在微酸性溶液中，铀试剂Ⅲ与U（Ⅵ）离子反应，形成一种绿紫色的络合物。当溶液的pH＝3，该络合物的最大吸收在λ＝665 nm，其摩尔吸光系数$\varepsilon=5.3\times10^4$。

用铀试剂Ⅲ在低酸度（pH＝2～3）溶液中测定U（Ⅵ）通常采用氯乙酸-乙酸钠作为pH缓冲溶液。在此条件下Th（Ⅳ）、Zr（Ⅳ）、V（Ⅴ）、Cr（Ⅵ）、Al(Ⅱ)、Fe(Ⅲ)以及RE等元素对铀的测定有干扰。为了提高试剂选择性，一般都需要加入乙二胺四乙钠（EDTA）、H_3PO_4或三乙四胺六乙酸（TTHA）等掩蔽剂。当干扰元素含量较高时，排除干扰主要依靠分离手段，通常是用溶剂萃取铀（Ⅵ）使之与杂质元素分离，然后用铀试剂Ⅲ的水溶液将铀反萃取到水相，再进行分光光度测定。在本实验中，用TBP萃取法，从加有掩蔽剂EDTA的铀矿样溶解液中有效地提取铀，而把其他杂质分离，然后用含有EDTA的铀试剂Ⅲ反萃液进行反萃，再测定吸光度，从而保证铀的分析不受干扰。

[主要试剂和仪器]

1. 20%（体积分数）TBP-煤油溶液，TBP需经纯化后使用，煤油用碳化煤油。
2. 铀标准溶液：浓度为10.0 μg铀/mL。
3. 60% NH_4NO_3-0.5%EDTA混合液：pH＝2.5。
4. 0.01%铀试剂Ⅲ反萃液：称取0.94 g氯乙酸，0.4 g乙酸钠、1 g EDTA和0.05 g铀试剂Ⅲ于500 mL水中，溶解、混匀。
5. 30%H_2O_2、浓HCl、2%HNO_3、1∶8氨水∶2，4二硝基苯酚饱和溶液。

[实验步骤]

(1) 溶矿

称取两份小于180目的矿石样品0.100 g分别置于两个100 mL烧杯中，用少量水润湿后，加入浓盐酸10 mL及30%H_2O_2 5 mL，盖上表面皿，在电热板上加热煮沸至试样完全分解。取下表面皿，蒸发至湿盐状，再用10 mL浓HCl和5 mL H_2O_2重复分解1～2次，再加入浓硝酸5 mL蒸发至剩约1 mL，加水15～20 mL，加热溶解可溶盐类。稍冷，即用中速滤纸过滤，滤液收集于50 mL容量瓶中，用2% HNO_3洗涤残渣与滤纸7～8次，弃去残渣，用水稀至刻度，摇匀待用。

(2) 工作曲线绘制

在1～5号的5只30 mL分液漏斗中，按序移入0.20、0.50、1.0、1.5、2.00和2.50 mL标准铀溶液，然后各加入60% NH_4NO_3-0.5% EDTA混合液5 mL，用水调至水相体积为10 mL，控制pH在2.5～3.0（加入2.4二硝基苯酚饱和溶液指示剂2滴，滴加1∶8氨水，使溶液呈黄色，然后滴加1 mol/L HNO_3，使黄色褪去，再过量2滴）。接着加入20%TBP-煤油10 mL进行萃取，摇动5 min，静置5 min。分层后弃去水相。再加入5 mL混合溶液洗涤有机相，摇动2 min，静置5 min，分层后弃去洗涤液。准确移入10.00 mL 0.01%铀试剂Ⅲ反萃液进行反萃，摇动2 min，静置2 min分层后，把水相放入2 cm比色皿，以试剂空白作参比，在λ＝665 nm处测定吸光度。

(3) 矿样中铀含量的测定

用2 mL胖肚移液管移取上述矿样溶解液2.00 mL各两份，置于两只30 mL分液漏斗中，按步骤（2）的操作方法，测定矿样中铀的吸光度。

[实验结果与数据处理]

1. 根据步骤（2）的实验结果绘制工作曲线。

2. 根据步骤（3）测得的吸光度在工作曲线上查出试液中铀的含量，然后按下式计算实际试样中的铀含量。

$$U\% = \frac{C \cdot V_{试}}{W \cdot V_{总}} \times 100\%$$

式中：C 为分析取样液中的铀的含量，g；$V_{试}$ 为分析取样液的体积，mL；$V_{总}$ 为实际试样浸取液的总体积，mL；W 为试样的重量，g。

[思考题]

1. 本实验所采用的试样分解法能否适用于所有的其他矿石样品，为什么？

2. 铀试剂Ⅲ反萃液为什么要用缓冲液来配制？若配成水溶液行吗？

3. 设计一个区别于本实验的程序来测定矿石中铀的含量，并说明理由。

实验三　废水中总 α 放射性的测定——吸附载带法

[实验目的]

1. 掌握吸附载带法浓集痕量放射性核素的原理及实验技术。

2. 学习低水平 α 放射性固体粉末样品的测量方法。

[实验原理]

在天然水源及核燃料前处理厂、矿山排放的废水中，α 放射性的主要成分是铀、钍、镭及其一系列子核，组分比较复杂，为了有效地检测废水中总 α 放射性浓度，首先要从大体积水样中浓集超微量放射性核素。$Fe(OH)_3$-MnO_2 吸附载带法是常用的浓集方法之一。

超微量放射性核素在氢氧化铁、硫化铜、硫化铋、二氧化锰等无定形沉淀物上的吸附共沉淀是一种经典而常用的放化分离技术，常用来浓集或净化体系中的放射性物质。一般认为，$Fe(OH)_3$-MnO_2 是一些表面积很大的沉淀物，因此它们具有明显的吸附性质。对于吸附过程，按其机理不同又可分为离子交换吸附、化学吸附以及分子吸附 3 种，它们随着吸附剂的性质、介质的条件以及被吸附物质的化学状态等因素而异。所以，吸附载带法是一种比较复杂的过程。

当水溶液的 pH 为 8～9 时，其中的 Fe(Ⅲ) 就以 $Fe(OH)_3$ 完全沉淀，水样中的铀、钍等天然放射性元素将以氢氧化物形式被载带下来，而载带的效率则与溶液的 pH 及铁的加入量有关。实验表明，pH 在 8～9 时，$Fe(OH)_3$ 载带放射性的效率最高；铁加入量对铀载带率的影响由图 1 所示。此图说明，随着铁加入量的增加，铀载带率也随之增加，但当铁的含量大 400 mg/L 时，铀的载带率不再有明显的变化；另一方面，加入过多的铁还会降低方法的灵敏度。为了提高载带效率，通常可加入少量的活性二氧化锰。明矾起凝聚沉淀的作用，加入适量的明矾，有助于溶液与沉淀的快速分离。

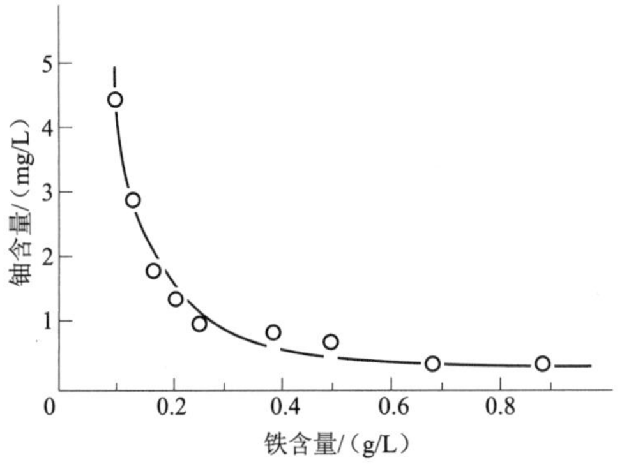

图 1　铁加入量对铀载带率的影响

水样中的超微量 α 放射性核素被吸附共沉淀以后，分出固体沉淀物，经灰化、灼烧，制备成固体粉末样品，用 α 闪烁探测器以“厚样”方法测量其总 α 放射性。

所谓“厚样法”是指待测的固体粉末样品，其厚度远大于 α 粒子在该物质中的射程。由于严重的自吸收结果，样品内部产生的 α 粒子不能全部射出样品表面，只有在表层质量厚度为 δ 的粉末中所发射的 α 粒子才能被探测器所测定。因此，用“厚样法”进行测量的特点是待测样品可不必称量。

但是，样品表层的质量厚度 δ 与 α 射线的能量、样品的化学组成、制样技术等因素有关。当样品的组成明确知道时，其值可以按经验公式估算。若样品是成分不明的复杂物质，则可以用实验方法测定。据一般经验，普通矿渣或沉淀物的 δ 值在 3～5 mg/cm²，本实验取 δ=4 mg/cm²。

对于一个面积为 s 的固体粉末厚样品，若在给定的条件下测得的放射性净计数率为 I_n，那么其比活度可按下式计算：

$$S_\alpha=\frac{4}{\eta_{2\pi}}\cdot\frac{I_n}{\delta\cdot s}\cdot\frac{10^6}{60}=6.67\times10^4\times\frac{I_n}{\eta_{2\pi}\cdot\delta\cdot s}$$

式中：S_α 为固体粉末厚样品的 α 比活度，Bq/kg；I_n 为样品的净计数率，cpm；$\eta_{2\pi}$ 为探测器 2π 方向探测效率，%；δ 为固体粉末厚样品的表层质量厚度，mg/cm²；s 为样品的面积，cm²。

显然，若能用吸附载带法将大体积水样的痕量 α 放射性定量浓集到固体载带剂中，那么只要测量载带剂的 α 比活度就可计算液体样品的 α 放射性浓度。假设一个体积为 VL 的水样，用 Wg 固体吸附载带剂浓集 α 放射性，其化学回收率为 Y，测得固体样品的 α 比活度为 S_α，根据上述数据即可求得水体的总 α 放射性浓度 C_α。

$$C_\alpha=10^{-6}\times\frac{S_\alpha\cdot W}{Y\cdot V}=6.67\times10^{-2}\times\frac{W\cdot I_n}{Y\cdot V\cdot\eta_{2\pi}\cdot\delta\cdot s}$$

式中：C_α 为待测水样的 α 放射性浓度，Bq/L；S_α 为固体样品的 α 比活度，Bq/L；W 为固体样品的重量，mg；Y 为化学回收率，%；V 为试样的体积，L。

[主要试剂与仪器]

1. 1∶1（体积分数）氨水；5%（w/V）$Fe(NO_3)_3$ 溶液。
2. 10%（w/V）明矾溶液；0.1%甲酚红-95%乙醇溶液。
3. 活性二氧化锰，制备方法如下：

在 50～60 ℃不断搅拌下，将 200 mL 5% $KMnO_4$ 溶液于 2 h 内逐滴加入到 250 mL 5% $MnSO_4$ 溶液中，在 60 ℃下再将此溶液加热 2 h，然后于 30～35 ℃下静置一昼夜，过滤，沉淀用蒸馏水洗净 SO_4^{2-} 离子。在 110～120 ℃的温度下烘 8～10 h，冷却，研细后贮于棕色瓶中备用。

4. ZnS（Ag）α 闪烁探测器，FH408 自动定标器，^{239}Pu 标准源，θ=50 mm 的有机玻璃测量盘。
5. 马福炉，干燥器，50 mL 的瓷坩埚，小型有机玻璃操作箱等。

[实验步骤]

(1) 吸附载带

取待测水样 5 L，准备两份样品平行测试。于样品中先加入 10 mL 5%$Fe(NO_3)_3$ 溶液，充分混匀后，加入 1 mL 左右的甲酚红指示剂，在搅拌下逐滴加入 1∶1 氨水，直至溶液呈紫红色（pH＝8～9）。然后加入 2 g 活性二氧化锰，大力搅拌 2 min，再加入 5 mL 10％明矾溶液，搅拌均匀后，静置澄清 20 min。

吸附载带是本实验的关键一步，用氨水沉淀时氨水用量不能太少也不能太过量。如发现沉淀悬浮粒沉降不下来，则必须检验溶液的 pH，重新调节。

(2) 沉淀过滤

用虹吸法（或抽气法）吸去上层清液，用快速滤纸过滤沉淀，然后以少量滤液洗净烧杯壁，洗涤液一并过滤。

(3) 沉淀物灼烧

将沉淀物连同滤纸一起转移至已称重的瓷坩埚中，先用红外灯（或煤气灯）烘干后，于马福炉中 600 ℃下灼烧 30 min，灼烧后在干燥器中冷却至室温，称沉淀物的重量（准确至毫克级）。

(4) η 的测定

首先测定探测器的本底计数率 I_b，然后在与测量样品相同的条件下测定 ^{239}Pu 标准源的 α 计数率 I_s 根据该标准源的真实活度 A_s^0（α 粒子/s・2π），求出探测器的探测效率。

$$\eta_{2\pi}=\frac{I_s}{A_s^0}\times 100\%$$

(5) 固体粉末样品的测量

将灼烧后的粉末样品，在小型有机玻璃操作箱内，用角匙小心研细（或转入研钵中小心研磨），然后将沉淀铺在已测过本底的有机玻璃测量盘中，力求铺展均匀，并用压样器轻轻将表面压平，在 ZnS 闪烁计数器上测量 α 放射性活度。本底与样品的测量时间取决于样品的 α 放射性活度及对测量准确度的要求。本实验要求测量的标准误差≤5％（如样品的放射性活度很低，则为了减少测量时间，可要求测量误差≤10％）。

(6) 化学回收率 Y 的确定

对于含盐量很少的样品，通常认为用蒸干法制得的 α 放射源，其化学回收率为 100％，然后将上述吸附载带法的结果与之比较，即可求出 Y。本实验假定化学回收率约为 90％来计算。

[实验结果与数据处理]

根据实验测得的各项结果，计算出待测样品中总 α 放射性浓度，并估算出实验的误差。如果测试的是实际废水样品，对照辐射防护规定的标准，决定能否向江河排放。

[思考题]

1. 在用 $Fe(OH)_3$ 吸附载带微量铀、钍等放射性核素时，为什么最适宜的是 pH＝8～9，过高或者过低有何影响？

2. 在“厚样法”测量中样品可不必称量，但在计算水样的 C_α 时为什么要计算固体样品的重量？

3. 为什么本方法对含镭高的样品不适用？

实验四　阴离子交换分离^{59}Fe-^{60}Co

[实验目的]

熟悉和掌握阴离子交换法分离^{59}Fe-^{60}Co的基本原理和实验技术。

[实验原理]

^{59}Fe是一种常用的放射性示踪剂，它是由富集的^{58}Fe在核反应堆里经中子辐照后制得的：

$$^{58}Fe(n,\gamma)^{59}Fe$$

由于靶子物质不纯，上述核反应产物中往往夹带少量放射性杂质，其中主要是^{60}Co。因为^{60}Co的半衰期（$T_{1/2}=5.26$ a）显著大于^{59}Fe的半衰期（$T_{1/2}=45.1$ d）。所以随着^{59}Fe示踪剂放置时间的增加，其中^{60}Co的相对含量也越来越大。这显然不利于^{59}Fe示踪剂的使用。为此，在使用^{59}Fe放射源时，常常需要提纯以除去^{60}Co。

^{59}Fe-^{60}Co的分离方法很多，阴离子交换法则最为简便有效。在盐酸体系中，Fe(Ⅲ)存在着下列几个平衡过程：

$$Fe^{3+}+Cl^{-}\rightleftharpoons FeCl^{2+}$$

$$FeCl^{2+}+Cl^{-}\rightleftharpoons FeCl_2^{+}$$

$$FeCl_2^{+}+Cl^{-}\rightleftharpoons FeCl_3$$

$$FeCl_3+Cl^{-}\rightleftharpoons FeCl_4^{-}$$

随着体系中盐酸浓度的增加，平衡向着有利于生成$FeCl_4^{-}$的方向移动。当盐酸浓度大于4 mol/L时，体系中的Fe(Ⅲ)主要以氯络阴离子$FeCl_4^{-}$形式存在。而在相应条件下，钴很少形成络阴离子，只有在酸度足够大的情况下才有$CoCl_3^{-}$阴离子生成。据此就可利用阴离子交换法来分离^{59}Fe-^{60}Co。在9 mol/L盐酸介质中，^{59}Fe和^{60}Co都呈氯络阴离子而被阴离子交换树脂（R—Cl）吸附：

$$^{59}FeCl_4^{-}+R-Cl\rightleftharpoons R-FeCl_4+Cl^{-}$$

$$^{60}CoCl_3^{-}+R-Cl\rightleftharpoons R-CoCl_3+Cl^{-}$$

然后用4 mol/L HCl洗脱^{60}Co，而$^{59}FeCl_4^{-}$氯络阴离子由于稳定性强，仍留在树脂上，最后用0.2 mol/L HCl洗脱^{59}Fe，于是^{59}Fe与^{60}Co获得有效的分离。

[主要试剂与仪器]

1. 717号苯乙烯季铵型强碱性阴离子交换树脂，交联度8%，120～160目。
2. ^{59}Fe-^{60}Co放射性示踪剂溶液（9 mol/L HCl介质，$>10^5$ cpm·mL）。
3. 盐酸溶液：9、4、2、0.2 mol/L。
4. 2 mol/L NaOH溶液。
5. G-M计数管，FH408自动定标器，有机玻璃测量盘。
6. 离子交换柱中$\phi5\times150$ mm Ge（Li）γ谱仪一套。

[实验步骤]

(1) 树脂预处理

市售的 717 树脂先用蒸馏水和 95%乙醇分别浸泡 24 h，用蒸馏水将醇洗净后，再在 2 mol/L NaOH 溶液中浸泡 2～3 h，用蒸馏水洗至近中性，然后用 2 mol/L HCl 溶液浸泡 2～3 h，最后用蒸馏水洗至 pH＝3～4。滤出树脂，于 80 ℃下烘十几个小时。筛选 120～160 目部分，贮于干燥器中备用。

(2) 装柱

在一根洗净的交换柱中，底部预先填上一薄层玻璃毛，然后在柱中注满蒸馏水。将已溶胀的树脂用玻璃滴管湿法装入柱中，直至树脂床高度达 12～13 cm，树脂床应该均匀，无气泡，床的顶部填入一薄层玻璃毛。

(3) 转型

用 3～4 个床体积的 9 mol/L HCl 溶液洗涤树脂床，流速控制在 0.3 mL/min，使树脂全部转为 Cl^- 型，并使色层柱处于 9 mol/L HCl 体系中。

(4) ^{59}Fe 与 ^{60}Co 共吸附

在交换柱顶部加入 0.5 mL ^{59}Fe-^{60}Co 示踪剂溶液，并用 1 mL 9 mol/L HCl 洗涤柱壁，然后以 2 滴/min 的流速上柱吸附。当放射性溶液面流近树脂顶部时，立即加入 2 mL 9 mol/L HCl 溶液，继续让溶液通过交换柱。当溶液液面平树脂床时，关闭柱下端活塞。

(5) ^{60}Co 的洗脱

用 4 mol/L HCl 溶液洗脱 ^{60}Co，洗出液收集于一只有刻度的 10 mL 离心试管中，流速控制在 2～3 滴/min。开始的 1 mL 流出液不取样，以后每隔 0.5 mL 取样 2 滴于测量盘中，待洗出液的放射性活度接近本底时，停止洗脱。

(6) ^{59}Fe 的洗脱

用 0.2 mol/L HCl 溶液洗脱 ^{59}Fe，洗脱和取样的方法同上。洗出液收集于另一只刻度离心试管中。

(7) 样品的测量与鉴定

将上述所取的样品置于红外灯下烘干，用 G-M 计数器测量放射性活度，按表 1、表 2 格式记录数据。

表 1 实验结果记录表

洗脱组分 / 样品序号	4 mol/L HCl 洗出液			
	累计流出体积/mL	放射性计数率 I	本 底 计数率 I_b	净放射性计数率 I_n
1				
2				
⋮				

表 2　实验结果记录表

样品序号 \ 洗脱组分	0.2 mol/L HCl 洗出液			
	累计流出体积/mL	放射性计数率 I	本　底计数率 I_b	净放射性计数率 I_n
1				
2				
⋮				

在两组分的洗脱样品中各取一个放射性较强的样品（或将峰值附近的几个样品收集在一起），用 Ge（Li）γ 谱仪鉴定它的纯度。

(8) 最后处理

实验完毕后，树脂床用 9 mol/L HCl 洗涤，以供重复实验。或者将柱中的树脂排出，洗净柱子备用。放射性废液收集于指定的容器中，洗净有关的实验容器待用。

[实验结果与数据处理]

1. 据表 1、表 2 所列结果，绘出 ^{59}Fe-^{60}Co 的洗脱曲线。每个样品的放射性计数可近似地表示开始接收样品时刻度的放射性活度水平。

2. 绘出 ^{59}Fe 与 ^{60}Co 的 γ 能谱图，并与文献值比较。

[思考题]

1. 阴离子交换法分离金属离子的基本原理是什么？有何特点？

2. 若有一个含 ^{54}Mn、^{59}Fe、^{60}Co 和 ^{65}Zn 的混合样品，试设计一个用阴离子交换法的分离程序，将它们互相分离。

实验五　医用核素发生器（母牛）的应用

[实验目的]

1. 熟悉医用核素发生器^{99}Mo-^{99m}Tc的基本性质。

2. 掌握正确使用核素发生器的实验技术。

[实验原理]

核素发生器，即放射性同位素发生器，又叫“母牛”，这是一种短寿命放射性核素的发生装置：它是一个母体核-子体核放射性衰变平衡系统。在大多数情况下，母核的寿命较长，而子核的寿命较短。如果将母核装载在一根色层柱上，用放射化学分离技术把柱中的子核定时地洗脱下来。这样提取放射性核素的方法常称“挤奶”法，所谓“母牛”的称号即由此而来。核素发生器在医学上已经获得了广泛的应用。常见的医用核素发生器有7种（见表1），其中最常用的是^{99}Mo-^{99m}Tc和^{113}Sn-^{113m}In两种。

表1　一些常见的医用核素发生器

序号	核衰变过程	主要γ光子能量/keV
1	$^{99}Mo \xrightarrow{\beta,\ \gamma} {}^{99m}Tc \xrightarrow{\gamma} {}^{99}Tc$	141
2	$^{113}Sn \xrightarrow{\gamma,\ EC} {}^{113m}In \xrightarrow{\gamma} {}^{113}In$	392
3	$^{87}Y \xrightarrow{\gamma,\ EC} {}^{87m}Sr \xrightarrow{\gamma} {}^{87}Sr$	388
4	$^{68}Ge \xrightarrow{EC} {}^{68}Ga \xrightarrow{\beta^+,\ EC} {}^{68}Zn$	511
5	$^{132}Te \xrightarrow{\beta^-,\ \gamma} {}^{132}I \xrightarrow{\beta^-,\ \gamma} {}^{132}Xe$	668
6	$^{137}Cs \xrightarrow{\beta^-,\ \gamma} {}^{137m}Ba \xrightarrow{\gamma} {}^{137}Ba$	662
7	$^{90}Sr \xrightarrow{\beta} {}^{90}Y \xrightarrow{\beta^-} {}^{90}Zr \rightarrow$	2 270 (β)

^{99}Mo-^{99m}Tc最初制备于1957年。由于^{99m}Tc是一个理想的医用放射性核素，用它制备的医用标记化合物多达几百种，在医学和生物学的各个领域中广泛应用。因此，掌握^{99}Mo-^{99m}Tc发生器的应用技术具有重要的实际意义。

^{99}Mo-^{99m}Tc发生器制备方法主要有3种：升华发生器、溶剂萃取发生器和吸附色层发生器，其中第三种制备法最为常用。

^{99}Mo可以从裂变产物中提取，也可以用照射含钼物质的方法来制备。从裂变产物中提取的是无载体^{99}Mo，制成发生器的体积小。但对制备的设备，场所条件要求很高，而且Mo产品中常夹带有^{131}I、^{103}Ru等杂质。用中子照射金属钼，三氧化二钼，三氧化钼等

含钼物质制备的^{99}Mo，纯度高，生产设备简单。目前使用的^{99}Mo主要是用三氧化二钼照射法制备的。

照射后的三氧化二钼以钼酸铵形式溶解于氨水中，然后再转化到 0.01 mol/L 盐酸体系。在 pH=3～3.5 的条件下，钼以$^{99}MO_4^{2-}$形式强烈地吸附于三氧化二铝色层柱上。商售的^{99}Mo-^{99m}Tc发生器如图 1 所示。

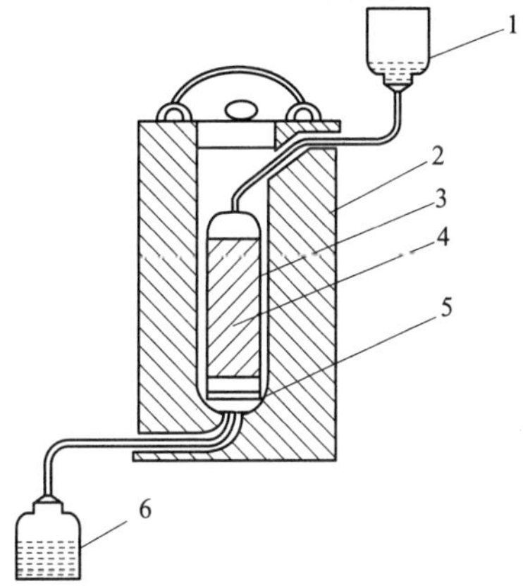

图 1 ^{99}Mo-^{99m}Tc发生器装置示意图

1—生理盐水洗脱剂；2—铅防护罐；3—玻璃色层柱；4—三氧化二铝层析剂；5—烧结玻璃；6—接受器

色层柱装在一个铅套内。最外面是一个大的防护铅罐。色层柱由玻璃管制备。柱的外径通常为 22 mm，内径为 19 mm，柱高 140 mm。柱内约装 20 g 层析级酸性三氧化二铝，粒度为 200～300 目。色层床高为 82～84 mm。使用时上接洗脱剂，下连接受器。吸附在色层柱上的^{99}Mo不断衰变成^{99m}Tc，后者通过同质异能跃迁衰变为^{99}Tc。应用合适的洗脱剂可把柱上的^{99m}Tc选择性洗脱下来，由此得到放化纯^{99m}Tc。可供选择的洗脱剂有 5%酸性甲乙酮-0.1 mol/L HCl 溶液，0.05%溴水-0.01 mol/L HCl 溶液，0.01 mol/L HCl，0.1 mol/L HNO_3，0.1 mol/L HCl 以及生理盐水（0.9% NaCl）等。从医学观点看，最理想的洗脱剂是生理盐水，因为它的洗脱效率高，一般可达 70%～80%，而且不必调节 pH 值就可给病人口服或者注射。

一般认为，用该法从三氧化二铝色层柱上洗脱下来的^{99m}Tc呈$^{99m}TcO_4^-$形式。根据^{99}Mo的衰变纲图可知^{99m}Tc是由^{99}Mo的 0.780 MeV，0.372 MeV γ 和 1.23 MeVβ^-转换而来的。它们分别占母体衰变的 4.4%、1.3%和 81.9%，总计为 87.6%。按照^{99}Mo-^{99m}Tc衰变系统，暂时平衡达到后^{99m}Tc的衰变速率为^{99}Mo的 1.1 倍，即：

$$\frac{\lambda_{Tc}}{\lambda_{Tc}-\lambda_{Mo}}=1.10$$

式中：λ_{Tc}、λ_{Mo}分别为^{99m}Tc、^{99}Mo的衰变常数。

这就是说，暂时平衡到来后^{99m}Tc的实际放射性活度为^{99}Mo放射性活度的 87.6%×1.10，即 96.4%，这是获得^{99m}Tc的极限值。计算表明^{99}Mo-^{99m}Tc达到暂时平衡需要 44 h。洗脱后的发生器经过 23 h ^{99m}Tc的生长可达极大值，而生长到极大值一半的时间仅需 6 h。因此，^{99}Mo-^{99m}Tc发生器一般每天可洗脱 2～3 次。^{99m}Tc的生长衰变曲线如图 2 所示。

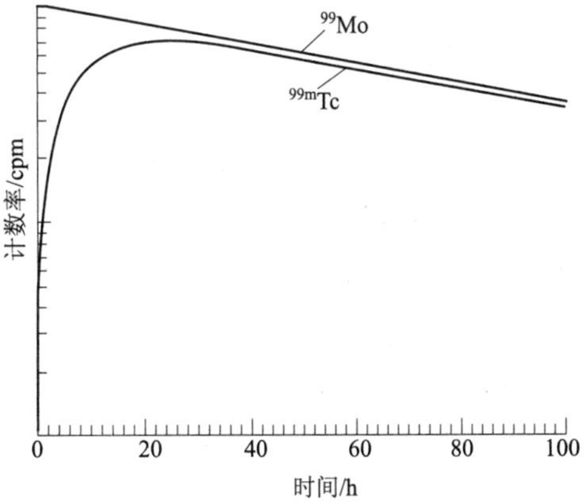

图 2 ^{99}Mo-^{99m}Tc衰变生长曲线

本实验以生理盐水为洗脱剂，测定从商售^{99}Mo-^{99m}Tc发生器中洗脱^{99m}Tc的洗脱曲线，洗脱效率，并对洗脱液中的放射性^{99m}Tc的纯度进行分析鉴定。

[主要试剂与仪器]

1. ^{99}Mo-^{99m}Tc 发生器套。

2. 无菌、无热源生理盐水。

3. 85%甲醇，华脱曼 1 号或者新华 3 号机关析纸。

4. 3 英寸×3 英寸井型 NaI（Tl）γ 闪烁探测器，512 道脉冲幅度分析器。

5. ^{60}Co 标准源，^{141}Ce 参考源。

6. 酸度计（或者精密 pH 试纸），测量盘等。

[实验步骤]

(1) ^{99m}Tc 洗脱曲线的测定

按图 1 所示，在发生器上端用乳胶管与生理盐水瓶相连，发生器的下端接上有刻度的接受器。然后开始洗脱实验。洗脱的流速控制在 1.0 mL/min 左右。流出液每隔 2.0 mL 收集一个样品，样品于井型 NaI（Tl）闪烁探测器中测定 γ 放射性活度。直到流出液的放射性活度接近本底后停止洗脱。保留放射性活度高峰附近的几毫升样品作分析鉴定用。

(2) ^{99m}Tc 的分析与鉴定

1）半衰期测定

取一定量的流出液于测量瓶中，在相同的测量条件下，每隔 2 h 测定一次 γ 放射性活度，连续测定 20 h，绘出放射性计数与时间的关系，求出半衰期。

2）纸上色层法鉴定

取一定比度的流出液一滴滴于华脱曼（Whatman）1 号定性滤纸一端，然后以 85% 甲醇为展开剂，用上行法层析 40 min。展开完毕后，烘干色层纸。测定色层纸上的不同距离处的放射性活度。详细记录实验数据。绘出放射性计数率与展开距离的关系图。

3）γ 能谱分析

取一定量的流出液于测量瓶中，然后在连有 512 道脉冲幅度分析器的井型 NaI（Tl）γ 闪烁探测器中进行 γ 能谱测量，谱仪事先用^{60}Co 标准源刻度。根据不同道数上的放射性活度绘出 γ 能谱图。

(3) 洗脱效率的测定

将经过洗脱曲线测定后的核素发生器放置 48 h，让其母子核达到暂时平稳，如上所述，平衡后柱上^{99m}Tc 的放射性为^{99}Mo 放射性的 96.4%，因此，只要准确测定^{99m}Tc 流出液的总放射性活度就可算出给定放射性活度^{99}Mo-^{99m}Tc 发生器中^{99m}Tc 的洗脱效率。

根据第一步实验结果，确定定量收集^{99m}Tc 的条件，然后将^{99m}Tc 流出液定量收集于接受器中，充分混匀后，从中取出一部分样品测量放射性活度，据此计算洗脱效率。

[实验结果与数据处理]

1. 根据实验结果，绘出有关的^{99m}Tc 洗脱曲线，^{99m}Tc 纸上层析图，^{99m}Tc 的 γ 能谱图和衰变曲线图。从这些图与曲线中求得^{99m}Tc 的 $T_{1/2}$，R_f 值和特征 γ 光子的能量值。并将实验值与文献值相比较。

2. 根据下式计算^{99m}Tc 的洗脱效率。

$$\eta=\frac{C_{Tc}V}{0.964A_{Mo}e^{-\lambda t}}\times100\%$$

式中：η 为^{99m}Tc的洗脱效率，%；A_{Mo}为^{99}Mo的放射性活度，Bq；V 为^{99m}Tc洗脱液总体积，mL；$e^{-\lambda t}$为^{99}Mo的衰变校正，其中 t 为给定^{99}Mo放射性活度时刻至^{99m}Tc洗脱完毕时刻之间的时间间隔；C_{Tc}为^{99m}Tc洗脱液的放射性浓度，Bq/mL。此值可从下式求得：

$$C_{Tc}=\frac{DI_{Tc}}{0.90\eta_{^{141}Ce}}$$

式中：I_{Tc}为在与^{141}Ce相同条件下测得的每毫升液体样品中^{99m}Tc的放射性计数率，cps；D 为^{99m}Tc液体测量样品的稀释倍数；$\eta_{^{141}Ce}$为探测器对^{141}Ce参考源的测量效率，%；0.90为^{99m}Tc中有10%内转换电子引起的校正系数。

[思考题]

1. 根据实验结果，评述“挤奶法”制备医用同位素^{99m}Tc的优缺点。

2. 今有一个^{99}Mo-^{99m}Tc核素发生器，已知其放射性活度为3.7×10^{8} Bq。从前一次洗脱后放置了23天，这次用生理盐水洗脱，共提出1.665×10^{8} Bq^{99m}Tc，试计算洗脱效率为多少？

3. 三氧化二铝上的^{99m}Tc能否被洗脱下来，为什么？

实验六　离子交换树脂吸附和淋洗铀

[实验目的]

1. 掌握离子交换树脂吸附和淋洗铀的基本操作过程。
2. 绘制吸附曲线和淋洗曲线。
3. 通过实验加深对离子交换树脂穿透容量和饱和容量等概念的理解。

[实验原理]

铀矿石的特点之一是铀的含量很低，一般情况下，铀矿石中铀的品位为千分之几到万分之几。并且，随着铀工业的发展，低品位铀矿石所占的比例将会越来越大。因此处理铀矿石所得到的浸出液或浸出矿浆，其中铀的浓度也必然是很低的。通常浸出液中铀的含量为每升十到几百毫克，高的也不过几克。为了得到合格的铀化学浓缩物，必须对浸出液进行纯化。

对浸出液进行纯化的方法有化学沉淀法、离子交换法和有机溶剂萃取法。化学沉淀法由于存在生产工序多、工艺复杂、生产效率低、化学试剂和材料消耗量大以及铀化学浓缩物中铀含量不高（一般为20%～40%）等缺点，目前基本已被离子交换法和有机溶剂萃取法所取代。

离子交换法，又称树脂吸附法。它是浸出液中某种离子与离子交换树脂的可交换离子之间的化学置换过程。它的优点是：① 选择性好；② 既适用于清液，也适用于矿浆；③ 离子交换树脂可反复使用；④ 化学试剂和材料消耗量少；⑤ 吸附尾液可返回使用。与萃取法相比较，离子交换法更适合处理铀浓度低的溶液或矿浆。离子交换法两个最基本的单元操作是：吸附和淋洗。

离子交换树脂是一种含有活性基团（又称官能团）、能与其他物质进行离子交换的高分子聚合物。按其基团性质可阳离子交换树脂和阴离子交换树脂；按基团酸碱性强弱，又可分为强酸性、弱酸性、强碱性、弱碱性四类。

强碱性阴离子树脂吸附硫酸浸出液中铀的反应式为：

$$2R_4NX+[UO_2(SO_4)_2]^{2-}\rightleftharpoons(R_4N)_2UO_2(SO_4)_2+2X^-$$

$$4R_4NX+[UO_2(SO_4)_2]^{4-}\rightleftharpoons(R_4N)_2UO_2(SO_4)_3+4X^-$$

式中：X为树脂上的可交换离子，如NO_3^-、Cl^-。

碳酸盐浸出液中，铀主要以铀酰离子形式存在，仍然可以用强碱性阴离子树脂吸附其中的铀，其反应式为：

$$2R_4NX+[UO_2(CO_3)_2]^{2-}\rightleftharpoons(R_4N)_2UO_2(CO_3)_2+2X^-$$

$$4R_4NX+[UO_2(CO_3)_3]^{4-}\rightleftharpoons(R_4N)_2UO_2(CO_3)_3+4X^-$$

饱和树脂用硝酸根或氯离子淋洗时，其反应式为：

$$(R_4N)_2UO_2(SO_4)_3+4NO_3^-(Cl^-)\rightleftharpoons4R_4N^+NO_3^-(Cl^-)+UO_2^++3SO_4^{2-}$$

通过离子交换树脂吸附和淋洗，浸出液可以得到很大的浓缩和富集，其中铀浓度大大提高而杂质浓度大大降低，为后续沉淀获得合格产品创造了有利条件。

重铀酸盐又称“黄饼”，通常是铀水冶厂的最终产品，它是铀酰盐的水溶液加碱沉淀获得，其反应式为：

$$2UO_2^{2+}+6OH^- \rightarrow U_2O_7^{2-}+3H_2O$$

［主要仪器与试剂］

1. 高位槽，吸附（淋洗）柱，计量量筒（实验装置示意图如图 1、图 2 所示）。

2. 吸附原液，NH_4NO_3（A. R），HNO_3（A. R）。

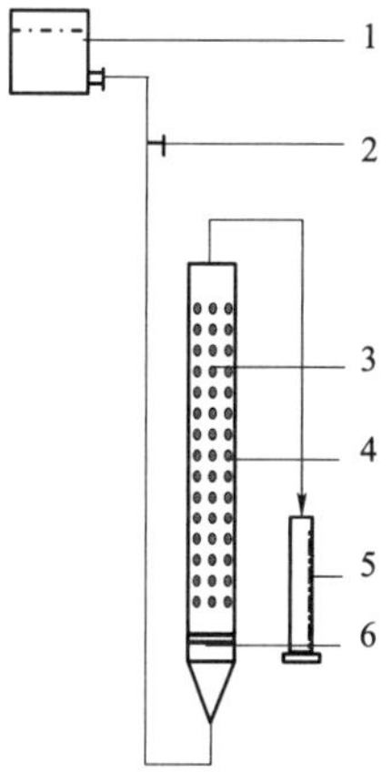

图 1 吸附试验装置示意图

1—高位槽；2—调节阀；3—树脂层；

4—有机玻璃柱；5—计量量筒；6—筛网层

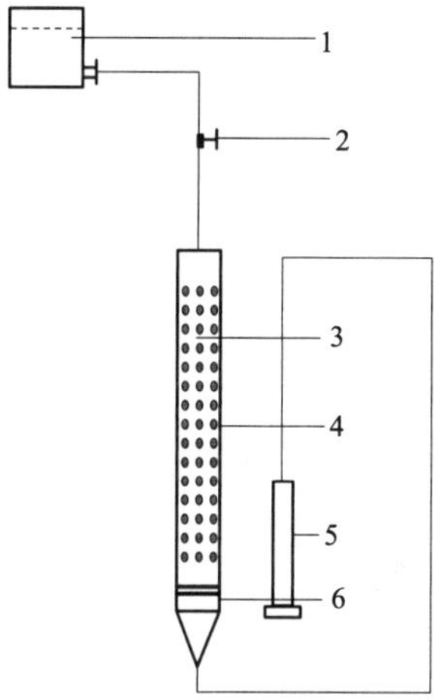

图 2 淋洗试验装置示意图

1—高位槽；2—调节阀；3—树脂层；

4—有机玻璃柱；5—计量量筒；6—筛网层

［实验步骤］

(1) 树脂的预处理

主要目的是：第一，清除树脂中的杂物（清洗）；第二，最大限度地保持树脂的活性。（树脂的预处理方法见 GB/T 5476—1996）

(2) 吸附

1）吸附柱的选择

一般选用直径 10～25 mm，柱长 600～1 500 mm，柱长径比为 60 左右的交换柱为宜。

2）装柱

一般装柱高度为柱高的 2/3，装柱前往柱内倒入半柱水。树脂装柱后若水量过多，可将多余水从柱子底部排出。装柱过程中应始终保持液面高于树脂面 20 mm 以上。

3）吸附

当含铀吸附原液以一定流速通过树脂时，铀配阴离子被树脂吸附，而未被吸附的杂质离子则随尾液流出。吸附操作自上而下（或自下而上），可采用不同流速，以选取最佳条件，一般流速 SV 为 2～8（SV 为空速，即单位体积树脂在单位时间内通过液体的体积）。流出液每隔一段时间取样分析，当树脂达到饱和时，停止吸附。

在柱式（或塔式）操作中，对树脂的吸附性能的评价，可用吸附曲线来说明。吸附曲线的测定，以流出液中的铀浓度对流出液累计的体积作图，可以得到 S 形曲线。当流出液中刚出现铀时，这点称为穿透点。随着吸附原液继续流入，流出液中铀浓度将随着流出液体积增加而增大，当流出液中铀浓度等于吸附原液中的铀浓度时，树脂吸附达到饱和，吸附曲线上对应的该点称为饱和点。

(3) 冲洗树脂

树脂饱和后，应用水冲洗，其目的是除去残存于树脂层内的吸附液，同时可以除去部分渗透或吸附在树脂孔道中的杂质，也可以洗去细泥。洗水量为 1～3 个树脂床体积，流速与吸附流速相同为宜。

(4) 淋洗

1）淋洗剂的配制

根据实验要求，配制 0.9 mol/L NH_4NO_3＋0.1 mol/L HNO_3溶液作为淋洗剂。

2）淋洗

从饱和树脂上除去铀的过程称作淋洗，使用的淋洗溶液称为淋洗剂。淋洗操作自上而下（或自下而上）进行，对单柱吸附而言，淋洗操作与吸附操作对流为佳。一般淋洗流速可控制在 0.5～2 SV。淋洗液每隔一段时间取样分析，淋洗液浓度降低至 50～100 mg/L 时，停止淋洗。

(5) 脱淋

脱淋的目的是为了除去并加以回收淋洗后残余在树脂层内的淋洗剂和夹杂物，用 1～2 个树脂床体积的清水冲洗就可以达到脱淋的目的。

(6) 树脂的再生（遇有树脂中毒时需进行这一操作）。

[思考题]

1. 树脂达到穿透和饱和的标志是什么？

2. 如何判断树脂是否中毒，一般的解毒方法是什么？

实验七　14级空气脉冲搅拌混合澄清槽流动特性实验

［实验目的］

1. 掌握混合澄清槽的操作方法。
2. 掌握混合澄清槽性能的测定方法。
3. 了解混合澄清槽的构造。
4. 了解混合澄清槽传质效率的强化方法。

［实验原理］

1. 混合澄清槽是一种箱式设备，由混合室和澄清室两部分组成。借助于搅拌作用使有机相和水相充分混合，实现两相间的传质。在澄清室中，利用有机相和水相的密度差，使来自混合室外的乳状混合液澄清分相。在混合澄清槽中，一个混合室与一个澄清室构成一个萃取级，溶剂萃取分离工艺中使用的通常是多级混合澄清槽。

2. 混合室中两相液体的搅拌方式主要有机械搅拌和抽压液柱脉冲搅拌（即空气脉冲搅拌）两种。抽压液柱脉冲搅拌又称脉冲搅拌。在混合室的对角线上安装两根或四根直管型脉冲管，并将其插入到一定的液层深度，使脉冲管交替与真空或压缩空气相通。当与真空相通时，混合液被抽到脉冲管内；而与压缩空气相通时，又将该液柱从管内压出（最好不使空气漏出，这样，靠脉冲管内液柱上下运动的能量达到两相混合）。关于脉冲管的插入深度。将混合室液面与脉冲管下端管口之间的距离称为脉冲管的插入深度。设最小插入深度为 $h_{最小}$，脉冲最大振幅为 $A_{最大}$混合室边长为 L，脉冲管内径为 d，则脉冲管的最小插入深度可用下式确定：$\frac{\pi}{4}d^2A_{最大}=L^2h_{最小}$，$h_{最小}=\frac{\pi}{4}\cdot\frac{d^2}{L^2}A_{最大}$

可见，当混合澄清槽的结构和脉冲管选定后，$\frac{\pi}{4}\cdot\frac{d^2}{L^2}$为定值，脉冲管的最小插入深度与最大振幅直接相关。实际插入深度 h 应等于 $h_{最小}$加上混合室液面在正常操作条件下的最大波动高度 $h_{波}$，$h_{波}$要通过实验确定。

3. 混合澄清槽的传质性能

（1）混合澄清槽的传质效果可用级效率表示，定义级效率 E 为：

$$E=\frac{\Delta C_{有}}{\Delta C_{有}^{*}}=\frac{\Delta C_{水}}{\Delta C_{水}^{*}}$$

式中：$\Delta C_{有}^{*}$ 是萃取前后有机相中被萃取组分浓度变化；$\Delta C_{水}^{*}$ 是水相中萃取组分浓度变化。

由于工艺运行中使用的是多级混合澄清槽，往往各级的级效率也不尽相同，所以采用总级效率 $E_{总}$ 表示混合澄清槽的工作效能更合适些。

$$E_{总}=\frac{n_{理}}{n_{实}}$$

式中：$n_{理}$ 是达到一定萃取率所需的理论级数；$n_{实}$ 是达到同样萃取率所需的实际级数。

混合澄清槽总级效率一般为75%～95%。

（2）级效率与输入能量、停留时间的关系

$$K_{水}a=\frac{E}{1-E}\frac{1}{t}\frac{V_{水}}{V_{混}}$$

式中：$K_{水}a$ 是传质速度常数；t 是停留时间；$\frac{V_{水}}{V_{混}}$ 是混合室中水相分数。

[主要仪器与试剂]

1. 实验试剂：八氧化三铀、蒸馏水、30%TBP-煤油、硝酸。

2. 实验仪器：混合澄清槽等。

（1）混合澄清槽：14级；混合室体积2.66 L，澄清室体积6.66 L，总存留量130 L，混合时间1 min，澄清时间2.5 min。为便于观察槽内的运行情况，混合澄清槽系用有机玻璃制成，各级备有取样口，以便在运行中随时可进行各级取样。各连接管道、阀门均采用不锈钢材料制成。

（2）搅拌方式：空气抽压液流搅拌；脉冲振幅200～230 mm；频率130次/min。

（3）加料方式：硝酸铀（Ⅳ）料液（1BX′）以侧流形式有有机相料液（1BF）同时在11级加入（见图1），含少量铀（Ⅳ）（相当于1BX′的五分之一）的1BX料液在第1级引入。

（4）实验流程如图1所示。

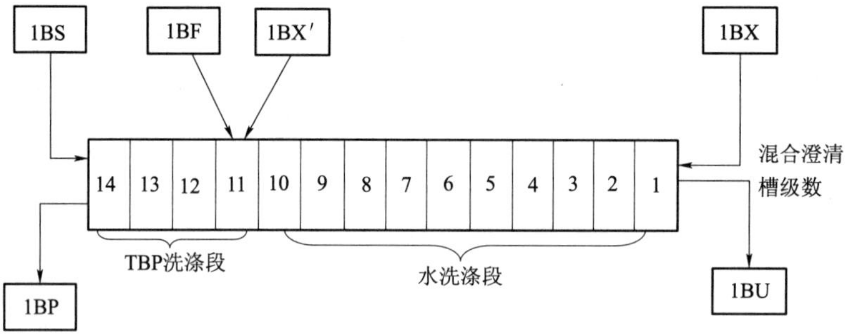

图1 混合澄清槽实验流程示意图

[实验步骤]

（1）配制一定浓度硝酸铀酰溶液和30%TBP-煤油。

（2）充槽启动：萃取槽多采取有机相连续，充槽前应先水封重相堰，以防有机相从中溢出。充槽后，启动脉冲搅拌系统，按正常操作要求的流量加入除料液之外的各股液流。待各级界面都达到了预定的高度，且该槽运行稳定后，再加入料液（流量从小到大，逐渐提高到额定的流量），同时开启水相出口阀。

（3）在混合澄清槽运行正常后，开始加硝酸铀酰料液，系统稳定后取1BP和1BU样品进行分析并记录结果。

（4）混合澄清槽的短期停车，只关闭水相出口阀，停止进入槽内的各液流，停止搅拌即可。对于长期停车则需进行置换、顶槽、排污、倒空和清洗。

（5）实验结束，整理实验设备，恢复原样。

（6）进行数据处理。

[数据处理]

数据填入表1。

表1　数据记录表

有机相流量/（L/h）				
水相流量/（L/h）				
1BP 铀浓度/（g/L）				
1BU 铀浓度/（g/L）				
级效率 E/%				

[思考题]

1. 试比较混合澄清槽与往复振动筛板塔有哪些异同？

2. 就实验过程分析影响混合澄清槽萃取效率有哪些因素？要提高它们，可采取哪些有效措施？

3. 什么是混合澄清槽的液泛？在操作中如何确定液泛速度？

实验八　平行同位素稀释法测定微量铯

[实验目的]

1. 了解同位素稀释法测定微量元素的基本原理。

2. 掌握平行同位素稀释法测定微量铯的分析技术。

[实验原理]

平行同位素稀释法的基本原理是：取两份相同的待测样品。设其中含有待测元素 W_x。分别加入等量的无载体放射性同位素，其中之一加入已知量得待测元素 W_1，另一份加入已知量得待测元素 W_2。然后分别加入沉淀剂，在严格控制的相同条件下进行沉淀，分离出等量的试样 W_y，分别测得放射性活度为 A_1 和 A_2。

设第一份试样稀释后的放射性比活度为 S_1；第二份试样稀释后的放射性比活度为 S_2，则：

$$S_1 = \frac{A_0}{W_1 + W_x}, A_1 = S_1 W_y$$

$$S_2 = \frac{A_0}{W_2 + W_x}, A_2 = S_2 W_y$$

根据上两式可得：

$$A_1 = \frac{A_0}{W_1 + W_x} W_y, A_2 = \frac{A_0}{W_2 + W_x} W_y$$

据此，不难算得：

$$W_x = \frac{A_2 W_2 - A_1 W_1}{A_1 - A_2}$$

其中 W_1 和 W_2 是已知的，因此只要测得放射性活度 A_1 和 A_2 就可计算出试样中待测元素的含量 W_x。从而避免了分离物的定量操作过程，提高了稀释法灵敏度和适应性。

从两份不同浓度的溶液中，分离出等量的待测物质，这是本法的关键问题。这可以利用化合物的某些物理化学特性来满足“平行稀释法”的要求，例如难溶化合物溶解度在特定条件下是一定的；金属电解时的分出量与通过电流成正比；给定条件下，被萃取的金属离子量一定等。

本实验以磷钼酸作铯的沉淀剂。在严格控制相同的条件下，制备不同稀释程度的磷钼酸铯沉淀，然后制取磷钼酸铯的饱和溶液。分别测量其放射性活度，最后按 $W_x = \frac{A_2 W_2 - A_1 W_1}{A_1 - A_2}$ 算出试样中的铯含量。

[主要试剂与仪器]

1. 无载体 ^{137}Cs 示踪剂溶液，放射性活度约为 1.85×10^5 Bq/mL（5 μCi/mL）；

2. 标准铯溶液

1）铯的储备溶液（500 μg Cs/mL）：称取在 150 ℃下干燥过的光谱纯氯化铯试剂 0.158 6 g，使其溶解于去离子水中，然后转入 250 mL 容量瓶中，用水稀释至刻度，摇匀，备用。

2）铯的操作溶液（10 μg Cs/mL）：准确移取 5.0 mL 铯的储备溶液于 250 mL 容量瓶中，用去离子水稀释至刻度，摇匀，备用。

3. 磷钼酸溶液（15%）：称取 15 g 分析纯的结晶磷钼酸 $20MoO_3 \cdot 2H_3PO_4 \cdot 48H_2O$，加水溶解，并稀释至 100 mL。静置 4 h 以上，用双层致密滤纸过滤。滤液应为黄色透明。若发现混浊，应重新过滤。

4. G-M 计数管，FH408 自动定标器。

5. 超级恒温槽，10 mL 离心试管 4 个。

6. 离心机，不锈钢测量盘若干。

7. 浓硝酸（分析纯），5 mol/L 硝酸溶液。

[实验步骤]

（1）在 4 个 10 mL 离心试管中，分别加入待测试液 0.50 mL；5 mol/L 硝酸溶液 0.50 mL，^{137}Cs 示踪液 0.50 mL。然后再编号为 1、2 的两个试管中，加入铯的操作溶液 0.50 mL，再加水 1.00 mL。另外在编号为 3、4 的两个试管中，加入铯的操作溶液 1.50 mL。最后以相同的速度分别滴加 15%磷钼酸溶液 2 mL，搅拌 1 min，静置 5 h 以上。离心分离，将上层清夜弃去。用水洗至中性。离心，弃去洗涤液。

（2）每个试管中都加入 3.0 mL 水。在 40 ℃的恒温水浴中，溶解沉淀 40 min。在室温下放置 1 h，然后离心分离 10 min。

（3）移取上层清夜 0.40 mL 于不锈钢测量盘中，每个管子平行取样两个。在红外灯下烘干后，测量放射性活度，并按表 1 形式记录数据。

（4）实验完毕后，将固体发射性废物及液体放射性废物分别收集于指定的容器内。测量盘先用稀硝酸溶液浸泡，然后洗涤干净，备用。

[实验结果与数据处理]

相关数据列于表 1。

表 1　平行同位素稀释法测定铯实验数据记录表

试管编号		1	2	3	4
放射性活度	Ⅰ号 A_1				
	Ⅱ号 A_2				
	平均值 A				

根据实验测得的数据，按下式计算试样中铯的含量。

$$W_x = W_0\left(\frac{A_0}{A_x} - 1\right)$$

[思考题]

1. 根据平行同位素稀释法的基本原理，试设计用该法测定 NaH_2PO_4 中的磷及 $AgNO_3$ 溶液总的银的实验方法。

2. 讨论同位素稀释法的优缺点及误差来源。

3. 若放射性示踪液中含有一定量的载体，试推导计算待测元素 W_x 的公式。

实验九　萃取法分离^{90}Sr和^{90}Y

［实验目的］

1. 理解8-羟基喹啉三氯甲烷的性质。
2. 理解^{90}Sr和^{90}Y的不同物理化学性质。
3. 掌握8-羟基喹啉三氯甲烷溶液萃取分离^{90}Sr和^{90}Y的最佳条件。

［实验原理］

^{90}Sr可在铀裂变时得到，从裂变产物中分离出来^{90}Sr以后，^{90}Sr通过β衰变产生其子体同位素^{90}Y，并随着时间而累积起来，由于8-羟基喹啉三氯甲烷溶液对^{90}Sr和^{90}Y萃取分离的效率有不同加以分离。

［主要仪器与试剂］

α、β底本底射线计数器，0.1 mm厚的铝箔（10～15片），振荡器。蒸发红外灯，电炉、pH计，15～20 mL带磨口塞的萃取试管，1 mL和10 mL移液管，100 mL容量瓶，测量放射性用的玻璃盘。

三氯甲烷，0.01 mol/L，0.1 mol/L和1 mol/L 8-羟基喹啉-$CHCl_3$溶液，0.1 mol/L HCl溶液，0.01 mol/L Sr（NO_3）$_2$和Y（NO_3）$_3$［La（NO_3）$_3$也可］溶液，pH＝5、6、7、8、9、10、11、12的缓冲溶液（可用醋酸或其他通用缓冲液），中性Sr（NO_3）$_2$溶液，含有与^{90}Y（放射性浓度为1.5×10^5脉冲/min·mL）平衡的无载体^{90}Sr。

［实验步骤］

1. 由于使用无载体放射性同位素^{90}Sr和^{90}Y进行试验，在实验使用的玻璃器皿上可能发生同位素吸附。因此需要用相应的酸将器壁饱和，以减少这些玻璃器壁对^{90}Sr和^{90}Y的吸附。常用操作方法：用0.1 mol/L Sr（NO_3）$_2$和Y（NO_3）$_2$［La（NO_3）$_2$］溶液涮洗全部器皿，倒出清洗液，然后用相应的缓冲溶液仔细洗涤全部器壁，倒掉缓冲液。

2. 依次将5 mL 0.1 mol/L 8-羟基喹啉三氯甲烷溶液，4 mLpH缓冲溶液和1 mL放射性浓度为1.5×10^3 cpm/mL的^{90}Sr［Sr（NO_3）$_2$］溶液倒入带磨口塞的试管。然后用塞子盖住试管，并在振荡器上将试管内溶液搅拌混合一定时间。然后取出试管，在两相完全分层后，取水相和有机相各1 mL，放入测量放射性的玻璃盘上，在红外灯下小心烘干，然后在计数器上测量其放射性。

［数据处理］

当^{90}Sr和^{90}Y共存时，其放射性测定是基于这两种同位素衰变时所放出的β粒子最大射程时测定的，若无屏蔽，样品的总活度（计数率）为：

$$I_C = I_{Sr} + I_Y$$

有屏蔽时样品的活度为：

$$I_e = I_Y e^{-ud}$$

式中：u为β粒子的质量衰减系数；d为^{90}Sr的β粒子全吸收层厚度。

所以，^{90}Y的活度是$I_Y = I_e e^{ud}$，而$I_{Sr} = I_C - I_e e^{ud}$。根据不同情况下所得结果求出每

种同位素的分配系数 Kp。

[结果与讨论]

萃取动力学

搅拌时间对分配系数的影响：用 0.1 mol/L 8-羟基喹啉的三氯甲烷溶液从 pH=9 的缓冲液中萃取 ^{90}Sr 和 ^{90}Y 化合物，混合时间分别为 1、5、10、15、20 及 30 min。将 1 mL 有机相的总活度除以 1 mL 水相的总活度（无屏蔽测量），求出有效的分配系数。做出分配系数与两相搅拌时间的关系曲线图（见表 1），并求出建立萃取平衡的最小时间。在以后的所有实验中都按此时间进行混合。

表 1 搅拌时间与分配系数的关系

搅拌时间/min	1	5	10	15	20	30
分配系数						

水相溶液 pH 对分配系数的影响：用 0.1 mol/L 8-羟基喹啉的三氯甲烷溶液从 pH 为 5、6、7、8、9、10、12 的水溶液中萃取 ^{90}Sr 和 ^{90}Y 的化合物。用 pH 计或通用指示剂检查平衡水相的 pH。测定 ^{90}Sr 和 ^{90}Y 的分配系数及它们的分离系数 α。作 $\alpha=f$（pH）图，并找出最大分离系数的 pH（见表 2）。

表 2 pH 与分配系数的关系

pH	5	6	7	8	9	10	12
α							

8-羟基喹啉浓度对分离系数的影响：在选定的水相 pH 下，用浓度为 0.01 mol/L、0.1 mol/L、1.0 mol/L 的 8-羟基喹啉的三氯甲烷溶液进行萃取。作分离系数与萃取剂浓度的关系图（见表 3），并找出三氯甲烷中 8-羟基喹啉的最佳浓度，在求最佳 8-羟基喹啉浓度时不仅要考虑 ^{90}Sr 和 ^{90}Y 的分离系数，还要考虑 ^{90}Y 在单级萃取时的百分收率。

表 3 8-羟基喹啉浓度与分配系数的关系

8-羟基喹啉浓度	0.01 mol/L	0.1 mol/L	1.0 mol/L
分配系数			

^{90}Sr 和 ^{90}Y 的分离：算出 ^{90}Y 回收率为 99.98%时所需的连续萃取次数（有机相和水相体积相同）。同时，在已找出的最佳萃取条件下进行 ^{90}Sr 和 ^{90}Y 的分离。具体步骤是：在分液漏斗内加入一定数量的料液，使每种同位素的活度接近 10^5 脉冲/min。将水相调至必需的 pH，并用 8-羟基喹啉的三氯甲烷溶液（最佳 8-羟基喹啉浓度）萃取 ^{90}Y 若干次。用

选定 pH 的水溶液洗去有机相中的^{90}Sr（除^{90}Sr的纯度需达 99.97%）。

^{90}Sr和^{90}Y分离后，放射性纯度的鉴定：为了检验所得放射性同位素的放射性纯度，适合的方法是对每种同位素进行物理鉴定。将^{90}Sr和^{90}Y相应化合物的水溶液在玻璃小盘内于通风条件下蒸干，制备^{90}Sr和^{90}Y样品，测定^{90}Sr和^{90}Y的β粒子的最大能量，并与表中数据进行比较。同时测定^{90}Y的半衰期。

[思考题]

1. ^{90}Sr和^{90}Y的分离系数受到哪些因素的影响？

2. 8-羟基喹啉三氯甲烷溶液萃取分离^{90}Sr和^{90}Y的最佳条件是什么？

实验十　在含 Ca 等杂质的物质中放射性 Sr 的分离和测定

[实验目的]

1. 理解放射性 Sr 与其他共存元素的不同性质。
2. 熟练草酸盐定量沉淀放射性 Sr 与 Ca 的方法。
3. 掌握放射性 Sr 的分离和测定步骤。

[实验原理]

在 pH＝4 的溶液中以草酸盐形式定量沉淀 Ca 和 Sr，随后将草酸盐灼烧至相应的氧化物，溶解氧化物于稀酸中，除 Fe^{3+} 和 Al^{3+}（从热溶液中，将其以氢氧化物沉淀），沉淀稀土元素的碳酸盐，并用发烟硝酸沉淀 $Sr(NO_3)_2$，将 Sr^{2+} 与 Ca^{2+} 分开。

利用两次铬酸钡重沉淀。根据子体钇的放射性对锶进行放化测定。因为锶方式性以“锶单位”表示，所以应该测定在待研究材料中的非放射性钙和锶的含量。

[主要仪器与试剂]

测定放射性的计数装置，马福炉，离心机，瓷坩埚或石英坩，4 L 和 1 L 的玻璃烧杯，石英蒸发皿，200 和 40 mL 离心试管。

醋酸和草酸，碳酸铵，甲醇溶液，浓的 6～8 mol/L 和 3～5 mol/L 的硝酸，无二氧化碳的氨水，50％和 3 mol/L 醋酸铵，1.5 mol/L 铬酸钠，30％过氧化氢。

[实验步骤]

(1) 将 100 g 的草酸和 25 mL 50％的醋酸铵溶液加到分解待研究材料的称样所得的含 Sr^{2+}、Ca^{2+} 和其他元素杂质的盐酸溶液中，加热以溶解草酸，加入氨中和溶液至 pH＝4（按 pH 试纸检验）；此时沉下 SrC_2O_4 和 CaC_2O_4。将带沉淀的溶液在温热的地方放置 4 h，然后过滤液体。将草酸盐沉淀溶于 6～8 mol/L 硝酸中。加水（约至 1 L）和 50 g 草酸。然后将溶液 pH 调至 4，分离重新生成的沉淀，并转移至石英蒸发皿中，在烘箱中烘干并在马福炉中（700～800 ℃）灼烧 30 min。

(2) 在冷至室温的沉淀中，加 50～60 mL 水，然后将其溶于 16 mol/L 的硝酸中。将所得的溶液煮沸以赶走二氧化碳，稀释至 200 mL 并在其中（趁还热之际）加氨以沉淀铁和铝。带沉淀的溶液通过滤纸过滤并用水洗涤沉淀。

(3) 在滤液中，加入固体碳酸铵，直至 $SrCO_3$ 和 $CaCO_3$ 沉淀。经滤纸过滤以分掉碳酸盐，烘干和称重，此质量为材料锶和钙的碳酸盐的总质量。

(4) 将碳酸盐溶于最小量的 3.5 mol/L 硝酸中，按 50 mL 一份置于容量为 200 mL 的离心试管中，并在不断搅拌下在每一个试管中加入 120 mL 的发烟硝酸。在不断搅拌下，用流水冷却硝酸盐沉淀，离心分离并将酸弃去。

(5) 在每一个离心试管中，加入 40 mL 水，溶解沉淀，然后加 90 mL 发烟硝酸，用水冷却，离心并除去酸，即重复前一步操作。

(6) 用10～20 mL水将沉淀转入40 mL的离心试管中，加入1 mL钡载体溶液和一滴指示剂（甲基红），用6 mol/L氨水溶液中和剩余的酸，并加入1 mL 6 mol/L醋酸和2 mL的3 mol/L醋酸氨。溶液稀释至30 mL并在水浴上加热。加2 mL 1.5 mol/L Na_2CrO_4溶液并继续加热5 min。离心分离溶液并通过滤纸过滤到第二个离心试管中。

(7) 在水浴中加热第二个试管，加1 mL载体，迅速搅拌并继续加热5 min。离心分离溶液并过滤到第三个试管中。丢弃此两次沉淀。用17 mol/L氨水溶液使溶液碱化，加入固体碳酸铵并加热，以凝聚碳酸盐沉淀。离心分离沉淀，将溶液弃去。

(8) 将沉淀溶于稀硝酸中，加1滴过氧化氢和1 mL铁的载体溶液。搅拌情况下加热以除去二氧化碳，稀释至15～20 mL并用无碳酸根离子的氨碱化溶液。加热并搅拌至沉淀全部析出为止。离心分离沉淀并丢弃，而将溶液转至另一个40 mL的试管中。

(9) 用6 mol/L硝酸酸化溶液并加1 mL钇载体。盖好试管并将其存放，不少于14 d。此后用不含碳酸根离子的氨溶液碱化，在水浴中加热以凝聚沉淀，离心分离沉淀并将离心清夜转至第二个试管中。将沉淀溶于6 mol/L硝酸中，并加200 mL 8%草酸溶液，在水浴加热10～15 min，以得到更大颗粒的沉淀。冷却混合物并通过致密滤纸，在布什漏斗上用甲醇洗涤3次，与纸垫一起转入测量用靶上，迅速进行测量。

(10) 从合并在一起的离心清液中，加入碳酸铵并在水浴上加热，将锶以碳酸盐形式沉淀出来。冷却并通过称重的玻璃过滤器。用水和甲醇洗涤沉淀，在烘箱（110 ℃）烘干，称重并计算锶量。

(11) 测量γ源的活度后，将带有物质的纸与靶材分开，转至已称重的坩埚中，灰化，在800～900 ℃灼烧并以Y_2O_3称重。

[数据处理]

计算分离的钇量。为了获得铱和锶的产额，将钇和锶的活度测量结果修正到零时刻的活度。

[思考题]

1. Sr与Ca的分离中，主要影响因素有哪些？

2. 钇和锶的分离中，主要影响因素有哪些？

实验十一　共沉淀法分离 U、Pu 和裂变产物

[实验目的]

1. 理解 U、Pu 和裂变产物的不同性质。

2. 熟练掌握分离 U、Pu 和裂变产物的不同方法。

3. 掌握共沉淀法分离 U、Pu 和裂变产物的原理、步骤和注意事项。

用共沉淀法分离 U、Pu 和裂变产物在于创造一种条件，在这种条件下，金属处于不同的氧化态，其中的一种能与载体一起析出，其余的则留在溶液中。在许多种方案中，硫酸镧法和氟化镧法是比较常见的两种方法。

A. 硫酸镧法

[实验原理]

此法的实质是：Pu^{3+}，Pu^{4+} 和一些裂变产物在还原介质中与 $K_3La(SO_4)_3$ 沉淀一起共沉淀，随后进行溶解，并在氧化剂介质中沉淀镧（以复式硫酸盐形式）和裂变碎片。

[仪器与试剂]

SO_2（装在钢瓶内或 $NaHSO_4$ 水溶液），$La(NO_3)_3$，K_2SO_4，K_4CrO_4，$K_4[Fc(CN)_8]$，二乙醚；溶液：0.5 mol/L HNO_3，浓 HNO_3，5NaOH，浓 NH_4OH；放射性物质：$UO_2(NO_3)_2\cdot 6H_2O$ 溶液（20 mL，10 mg U/mL），硝酸钚溶液（2～3 mL），1 mol/L HNO_3 溶液（放射性浓度约为 10^6 脉冲/（min・mL）的裂变产物），1 mol/L HNO_3 溶液（2～3 mL）（放射性浓度约为 10^5 脉冲/（min・mL）的裂变产物）。

射线闪烁计数装置，蒸发用灯，水浴，离心机，150 mL 耐热玻璃烧杯，带 0.1 mL 刻度的 10 mL 移液管，带玻璃过滤器的布氏漏斗。

[实验步骤]

（1）准备 20 mL $UO_2(NO_3)\cdot 6H_2O$ 溶液（10 mg U/mL）溶液中含硝酸钚（放射性浓度约为 10^6 脉冲/（min・mL））和 1 或 2 个示踪量裂变产物放射性同位素。

（2）为了进行氧化还原过程，往溶液中加入 1.5 mL 浓硝酸，$La(NO_3)_3$ 和 $NaHSO_3$ 水溶液至浓度 0.3～0.5 mol/L。然后在搅拌棒搅拌下，用粉末状 K_2SO_4 将溶液饱和（20 ℃）。

（3）过 12～24 h 后，用离心法或用多孔玻璃过滤器过滤，分离 $K_3La(SO_4)_3$ 沉淀，并用 K_2SO_4 饱和溶液洗涤，直至在洗涤液中对铀酰离子呈负反应（在酸性介质中与 $K_4Fe(CN)_6$ 反应）。保留沉淀（第一次）以用于下步操作。

（4）在分离沉淀后的溶液中加入一份新的 $La(NO_3)_3$（折合成 La 为 6 mg），溶液与生成的沉淀一起放置 12～24 h。然后将沉淀（第二次）分出，洗涤，并同第一次沉淀合并。沉淀操作再重复一次，得到的 $K_3La(SO_4)_3$ 沉淀与前面的沉淀合并，并贮存以备下步分离。

（5）得到的溶液含有硝酸铀酰和硫酸铀酰以及少量裂变产物杂质。为了补充净化去除裂变产物（主要是铯），二次沉淀重铀酸铵。为此，在合并全部洗涤水的加热了的溶液中，

逐渐加入不含CO_2的浓氨溶液直至出现气味，20～30 min 后用离心法或过滤法分离得到重铀酰铵沉淀，并用含有几滴氨的水洗涤 2～3 次。将重铀酰铵溶于 1～2 mol/L 硝酸中，得到的溶液送去储存。

(6) 将含有钚和一些裂变产物的 $K_3La(SO_4)_3$ 沉淀，在加热下溶于 0.5 mol/L 硝酸中，向溶液加少许过量的 1 mol/L NH_4OH 溶液。用离心法或过滤法分出得到的 $La(OH)_3$沉淀，用稀氨溶液洗涤，并溶于少量 0.5 mol/L 硝酸中。进行两次氢氟化物再沉淀。将含有 La、Pu 的最终溶液的酸度调至 0.5 mol/L 硝酸，并在加热到 95～98 ℃以后向其加入 $Na_2Cr_2O_7$（10 g/L）。1 h 后，如前所述，用 K_2SO_4 饱和冷却溶液。10～12 h 后，从溶液中分离析出 $K_3La(SO_4)_3$ 的沉淀并洗涤。将沉淀送去地质埋藏，而用二乙醚（每次 5 mL）从溶液中多次（4 次）萃取 Pu^{6+}。蒸发合并的萃取液，然后烘干并测量所得样品的 α 放射性。

B. 氟化镧法

[实验原理]

此法是基于 Pu^{3+}，Pu^{4+} 和许多裂变产物与 LaF_3在氧化介质中共沉淀及除去 LaF_3。

[仪器与试剂]

α 射线闪烁计数装置，离心机，水浴，蒸发用红外灯，坩埚炉（800～1 000 ℃），玻璃烧杯，带 0.1 mL 刻度的 10 mL 移液管，1 mL 移液管（涂蜡），聚乙烯容器。

$Na_2Cr_2O_7$，$La(NO_3)_3$，$K_4[Fe(CN)_6]$，二乙醚，0.5 mol/L HNO_3 和浓 HNO_3，浓 H_2F_2，$NaHSO_4$，浓 NH_4OH（不含 CO_2），10% $SnCl_2$，5% NaOH；放射性物质：$UO_2(NO_3)_2 \cdot 6H_2O$（10 mg/mL U）溶液（约 20 mL），硝酸钚溶液（2～3 mL，放射性浓度约为 10^5 脉冲/(min · mL)），含^{80}Sr、^{137}Cs、^{144}Ce（放射性浓度约为 10^6 脉冲/(min · mL)）的 1 mol/L HNO_3 溶液（2～3 mL）。

[实验步骤]

(1) 在 20 mL 含硝酸钚（放射性浓度约为 10^6 脉冲/(min · mL)）的 $UO_2 \cdot (NO_3)_2 \cdot 6H_2O$（约 10 mg/mL）溶液中，加入一或两种示踪量裂变产物放射性同位素。

(2) 往溶液中加 1.5 mL 浓硝酸，$La(NO_3)_3$（折合成 La 约 6 mg）和 $NaHSO_3$ 水溶液至浓度为 0.3～0.5 mol/L。然后在搅拌下加入 1 mL 氢氟酸。澄清时间不少于 6 h，然后用离心法或过滤法分离 LaF_3 沉淀（进行上述操作时，需用聚乙烯或涂蜡的容器）。用含 1～2 滴 H_2F_2 的水洗涤得到的沉淀（第一次），直至洗涤水中 UO_2^{2+} 与 $K_4[Fe(CN)_6]$ 在酸性介质中呈负反应为止。将沉淀保存起来。分离 LaF_3 沉淀后，在搅拌下向溶液加 $La(NO_3)_3$（折算成 La 约 6 mg）。过 6～24 h 后分离第二次 LaF_3 沉淀，洗涤，与第一次沉淀合并保存以供进一步分离。

(3) 在合并的含 UO_2^{2+} 的溶液和洗涤水中分离铀和裂变产物。为此，加入 2 mL 新制备的 10% $SnCl_2$ 溶液，并搅拌溶液 20～30 min。用离心法或过滤法分离四氟化铀沉淀，用被氢氟酸稍微酸化的水洗涤。检验溶液中 $U^{6+} \rightarrow U^{4+}$ 还原的完全程度（用 $K_4Fe(CN)_6$ 在酸性介质中试验有无 UO_2^{2+} 存在）。洗涤过的沉淀在铂皿内用碱蒸煮。为此，沉淀与 5～7 mL 5%NaOH 溶液在沸腾水浴上加热 1.5～2 h。

(4) 含有不溶的钚和裂变产物氟化物的 LaF_3 沉淀，也在同样条件下用碱蒸煮。可用

H_3BO_3 和 HNO_3 混合液代替碱煮处理沉淀。碱煮后得到 La $(OH)_3$、钚和某些裂变产物的氢氧化物沉淀。

(5) 用离心或过滤法分离氢氧化物，用 NaOH 稀溶液洗涤（至 F^- 离子负反应），在加热下将 沉淀溶于 25 mL 0.5 mol/L 硝酸中。然后在所得溶液中加入 0.25～0.30 g 重铬酸钠，并在 95～98 ℃下加热混合物 1 h。然后冷却，在溶液中加 1 mL 浓 H_2F_2 溶液，几小时后，从溶液中分离 LaF_3 淀并送去埋藏。用二乙醚萃取溶液中的钚。蒸干醚溶液。用 α 放射性测量法测定钚的含量。

(6) 将碱煮后得到的 U $(OH)_4$ 沉淀溶于硝酸。溶液的酸度调到 0.5 mol/L HNO_3，加入 1 g $Na_2Cr_2O_7$ 并在 95～98 ℃下加热 1 h。冷却后向溶液滴加不含 CO_2 的浓氨溶液至出现轻微气味。澄清后用离心或过滤法分离 $(NH_4)_2U_2O_7$ 沉淀，用含几滴 NH_4OH 的水 (4～5 mL) 洗涤。烘干沉淀并在 800～1 000 ℃下灼烧 2 h，冷却并称量 U_3O_8，然后将 U_3O_8 送去贮存。

[结果与讨论]

画出这两种不同方法分离铀、钚及裂变产物的流程图，同时进行比较。

[思考题]

1. 分离 U、Pu 和裂变产物的方法有哪些，优缺点是什么？

2. 共沉淀法分离 U、Pu 和裂变产物的过程中，影响因素有哪些？

实验十二　^{99}Tc的分离和测定

[实验目的]

1. 理解^{99}Tc的性质。
2. 熟练^{99}Tc的分离方法。
3. 掌握^{99}Tc的鉴定和测定方法。

[实验原理]

锝（Tc）是人工放射性元素，质量数 92～107，半衰期从几秒到 2×10^6 年。从化学性质看，锝和铼、锰是同族元素。同时，^{99}Tc是^{99}Mo的子体元素，可从铀的裂变产物和中子辐射过的钼制得（$^{98}Mo(n,\gamma)^{99}Tc$）。另外，用高密度中子流照射时，可以得到相当大量的^{99}Tc。例如，用 10^{14}中子/（$cm^2\cdot s$）的中子流辐照 100 g MoO_3两个月，在样品中积累 1～1.5 mg^{99}Tc。

锝在任何形态的原料中都以最稳定的高价态（Ⅶ）进行分离。目前，丙酮作萃取剂的萃取法是提取锝的有效方法。在这种情况下，锝的纯化系数可达 10^4，因此，可分离获得放化纯的锝。其纯度可用β能谱法根据锝同位素的β射线最大能量（0.3 MeV）来确定。

锝的净化流程中包括将其转为难溶的化合物，如七硫化二锝 Tc_2S_7，四苯砷高锝酸盐 $(C_6H_5)_4AsTcO_4$和二氧化锝 TcO_2。其中，七硫化二锝 Tc_2S_7是暗褐色物质，由 H_2S 与酸性高锝酸盐溶液作用制得，在这种情况下，当 HCl 浓度不大于 5 mol/L 时，可析出沉淀，在 1～3 mol/L HCl 溶液时，可定量沉淀 Tc_2S_7，而在 9 mol/L HCl 溶液中，已不能沉淀 Tc_2S_7。七硫化二锝能与 FeS、PbS、CuS、MnS、Re_2S_7、PtS_2、PtS 和 ZnS 共沉淀。在碱性介质中，七硫化二锝容易与过氧化氢发生反应：

$Tc_2S_7+2NH_3+7H_2O_2\rightarrow 2NH_4TcO_4+7S+6H_2O$

在 1 100 ℃下，Tc_2S_7 被氢还原成金属 Tc。

二氧化锝 TcO_2 与其同族元素的氧化物（ReO_2 和 MnO_2）不同，在高温（900～1 000 ℃）下，TcO_2升华而不分解，水合氧化物 $TcO_2\cdot 2HO$ 在真空中于 300 ℃下加热 3 h 后完全脱水，在 900 ℃时开始升华，而在 1 000 ℃迅速升华。二氧化锝可由电解还原高锝酸盐，也可由水解 $TcCl_6^{2-}$ 离子制得。在碱性溶液中二氧化锝很容易被过氧化氢氧化，甚至被空气中的氧氧化，生成 TcO_4^- 离子。二氧化锝在 6 mol/L HCl 中勉强溶解，生成 $TcCl_6^{2-}$ 离子。

高锝酸铵 NH_4TcO_4是白色盐类，与 NH_4ReO_4同晶。用氨中和高锝酸或在 $NH_4Cl+H_2O_2$水溶液中溶解 TcO_2可得到高锝酸铵。高锝酸铵在 100 ℃下的空气中稳定。在 500～600 ℃下，氢气将 NH_4TcO_4还原到金属。

四苯砷高锝酸盐 $(C_6H_5)_4AsTcO_4$是微溶于水的化合物，但易溶于氯仿。具有白色针状结晶形态。加入氯化四苯砷溶液能沉淀 TcO_4^- 离子，得到 $(C_6H_6)_4AsTcO_4$。

[主要仪器与试剂]

计数装置，用氢还原锝盐的仪器，离心机，干燥箱，天平，带有固流冷凝器的 100 mL

烧瓶。水浴器，100、20 和 10 mL 的分液漏斗，0.1 mL 微量移液管，过滤漏斗，注射器，烧杯，量筒，试管，带两个石英比色杯（层厚 1 cm）的分光光度计，滤膜，0.1 和 0.2 mL 微量移液管，10 mL 量筒。

丙酮，氯化四苯砷，1 mol/L NH_4OH，5 mol/L NaOH，3 mol/L HCl，30%H_2O_2，0.1 mol/L HCl，0.01 mol/L α-联糠酰二肟的丙酮溶液，10% $Sncl_2$ 10^{-2}～10^{-8} mol/L NH_4TcO_4溶液，中子照射过的锝和锝的浓缩物。

［实验步骤］

(1) 锝浓缩物的制备

1）在含有钼酸钠溶液的分液漏斗中加入丙酮（体积为水相的一半），猛烈摇动 10 min，萃取锝。分相后将丙酮层分出，用 5 mol/L NaOH 溶液（体积为丙酮的 1/5）洗涤两次。

2）分层后将有机相移入带直通冷凝器的烧瓶中，并将丙酮赶掉。用盐酸中和烧瓶内的残渣，并将溶液的酸度调至 1～2 mol/L HCl，按照第Ⅲ级实验技术安全规则，操作微克量锝，可以不用专门防护。

(2) 七硫化二锝

从含有 100 μg ^{99}Tc 的锝浓缩液（酸度为 1～2 mol/L HCl）中沉淀 Tc_2S_7。为此，向在水浴上加热的溶液通硫化氢，用离心法分离析出的暗褐色沉淀，用盐酸酸化的水洗涤几次，洗涤水用移液管取出。用移液管将七硫化二锝沉淀转移到直径为 20 mm 的玻璃盘中，并在干燥箱内、110 ℃下烘干。

在 β 谱仪上测定同位素 β 射线的最大能量。将所得结果与文献数据进行比较。

(3) 四苯砷高锝酸盐

1）将实验制得的 Tc_2S_7沉淀在加入过氧化氢（几滴）情况下溶于 1 mol/L NaOH 溶液（在同一个玻璃盘中）。为避免丢失锝，操作要小心。用移液管逐滴加入氨和过氧化氢溶液。用另一个移液管从玻璃盘全部转移到离心试管中并在水浴上加热（要小心）。在离心机上分离反应生成的硫。用水稀释，生成透明的高锰酸钾和非放射性元素杂质（Mo、Fe 等）化合物溶液至体积为 5 mL。用微量移液管取 3 个平行式样（每个 0.005 mL）于 3 μm 厚的膜上。参考标准源测定试样的绝对活度 A_1。

2）然后在水浴上加热溶液，加入一定量的酒石酸和氯化物，使其溶液的浓度分别为 0.6 和 0.5 mol/L。此时溶液的 pH 约为 8。在用玻璃棒搅拌下加入过量的 1%氯化四苯砷溶液。最终体积不应超过 10 mL。在析出白色针状结晶后，用冰水冷却玻璃试管并放置数小时。然后再用离心机分出沉淀，用冰水洗涤几次，用移液管将沉淀移至称量过的石英舟内并于 110 ℃下烘干。离心清液收集在量杯内，用微量移液管取 3 个平行样品（每个 0.005 mL），放在膜上，并测定溶液的总活度 A_2。

3）取 A_1为 100%，根据 A_1（盐沉淀前的活度）和 A_2（盐沉淀后的活度）的差值，确定化合物 $(C_6H_3)_4AsTcO_4$沉淀的完全度（%）。根据 A_1-A_2的差值和锝的比活度确定析出的盐 $(C_6H_5)_4AsTcO_4$的量。在微天平上称量沉淀检查所得到的数值。

(4) 二氯化锝和高锝酸铵

1）二氧化锝通过由氢还原四苯砷高锝酸盐制得。将盐以一薄层放在石英舟内，石英舟放在管式微型炉内。在不加热炉子情况下向整个系统通氢气 1 h 直到全部赶掉空气。当确定为纯氢后，用变阻器调节加热，慢慢升高炉温直至 266 ℃。以 30～50 mL/min 的速度再通氢 1 h。当整个装置完全冷却后，从炉内取出样品。

2）在氢气通向炉子的途中有装干燥剂的捕集器，在体系末端有水封。得到的黑色粉末即是二氧化锝。

3）然后用二氧化锝制备 NH_4TcO_4。方法：在氨介质中用过氧化氢氧化二氧化锝，将多余的氨与过氧化氢蒸发后，析出白色的高锝酸铵结晶。将沉淀溶于 1 mL 水中。

[锝化合物的定量分析]

应用极广泛的分析方法是分光光度法——根据 TcO_4^- 离子在 $HClO_4$，HCl，H_2O 中以及 $TcCl_3^{2-}$ 离子在 HCl 中的光吸收度进行分析。同时，也可以采用丙酮选择性萃取锝化合物，随后用分光光度法或者用 β 谱法（此时方法准确度为 2%）测定溶液中锝的分析方法。

此外，比色分析法也有广泛应用，在此法中利用锝与 α-乙醇酸、硫脲、丁二酮肟、甲基紫、α-顺式二苯代二肟、O-二环乙二酮-1，2 二肟的有色化合物和锝的硫代氰酸络合物，比色测定锝的贵重试剂是 α-联糠酰二肟。

应用比较少的就是通过测定铼的重量分析法。

分析步骤：

1）在 10 mL 量筒中用二次蒸馏水制备 3 mL 浓度约为 10^{-4} mol/L 的高锝酸铵溶液。用放射测量法测定锝量。

2）将溶液移入分光光度计的石英比色杯中，并在 $\lambda=220\sim350$ nm 处测量溶液的光密度 D，作 D 对 λ 的关系曲线图。

3）用 NH_4TCO_4 的 0.1 mol/L HCl 溶液重复上述实验。

4）测定 TCO_4 离子在溶液的最大光密度值下，在水溶和 0.1 mol/L HCl 溶液中的摩尔吸收系数。

5）向浓度为 200 mg/mL 的 0.3 mL NH_4TcO_4 溶液中加入 1 mL HCl，2.5 mL 0.01 mol/L α-联糠酰二肟丙酮溶液，0.5 mL 10% $SnCl_2$ 溶液，用放射性测量法和按 $\lambda=300\sim1\ 200$ nm 时的吸收光谱测定锝的最终浓度。

[数据处理]

计算锝与 α-联糠酰二肟有色络合物在溶液的最大光密度时的摩尔吸收系数。

[思考题]

1. ^{99}Tc 的主要应用有哪些方面？

2. ^{99}Tc 的测定过程中，影响准确度的因素有哪些主要方面？

实验十三 铀矿石浸出液中铀的测定——钒酸铵滴定法

[实验目的]

1. 熟悉钒酸铵标准溶液的配制与标定。

2. 掌握三氯化钛还原—钒酸铵滴定法测定铀矿石浸出液中铀的原理与方法。

[实验原理]

在大于5 mol/L磷酸中，用三氯化钛溶液将铀还原至四价，过量的还原剂用亚硝酸钠氧化，剩余的亚硝酸钠被尿素分解，然后在3～5 mol/L磷酸介质中，以N-苯基邻氨基苯甲酸和二苯胺磺酸钠作指示剂，以钒酸铵标准溶液滴定铀（Ⅵ）至溶液出现微紫色即为终点。反应式如下：

$$H_4[UO_2(HPO_4)_3]+2TiCl_3+6H_3PO_4 \rightarrow H_2[UO_2(HPO_4)_3]+2H_2[Ti(HPO_4)_3]+6HCl+2H_2O$$

$$TiCl_3+NaNO_2+3H_3PO_4 \rightarrow H_2[Ti(HPO_4)_3]+NaCl+NO+2HCl+H_2O$$

$$(NH_2)_2CO+2NaNO_2+2H_3PO_4 \rightarrow 2N_2+NaH_2PO_4+3H_2O+CO_2$$

$$H_2[U(HPO_4)_3]+2NH_4VO_3+4H_3PO_4 \rightarrow H_4[UO_2(HPO_4)_3]+V_2O_2(HPO_4)_3+NH_4H_2PO_4+2H_2O$$

[主要仪器与试剂]

1. 仪器：小量筒，电子天平，移液管（2 mL、5 mL），容量瓶，锥形瓶（250 mL），小烧杯，滴定管（50 mL）。

2. 试剂：钒酸铵标准溶液（0.002 mol/L），铀矿石浸出液，$NaNO_2$（15%），$TiCl_3$（15%），浓H_3PO_4，尿素溶液（20%），N-苯基邻氨基苯甲酸和二苯胺磺酸钠（0.1%），铀标准溶液（1 g/L），6 mol/L HCl，硫酸亚铁铵。

[实验步骤]

（1）钒酸铵标准溶液（0.002 mol/L）的配制与标定

配制：准确称取0.234 0 g已烘干的钒酸铵，溶于500 mL热水中，加入2 mol/L硫酸150 mL后，以去离子水定容至1 000 mL。

标定：用移液管准确移取5 mL铀标准溶液（1 g/L），加入15 mL浓H_3PO_4，2滴硫酸亚铁铵溶液，10滴6 mol/LHCl，加$TiCl_3$至溶液显紫色，加入$NaNO_2$（15%），剧烈振荡，至紫色消失，立即加入5 mL尿素溶液（20%）。剧烈振荡至棕色消失并不再发生细气泡后，加入2滴N-苯基邻氨基苯甲酸和二苯胺磺酸钠（0.1%），以钒酸铵标准溶液滴定至微紫色即为终点。

按下式计算钒酸铵标准溶液浓度：

$$C=2\frac{n_u}{V_{钒酸铵}}\ (\text{mol/L})\quad 或滴定度\ T=2\frac{m_u}{V_{钒酸铵}}\ (\text{mg/mL})$$

(2) 铀矿石浸出液铀含量的测定

用移液管准确移取 2 mL 铀矿石浸出液，以下同标定。以下式计算铀含量：

$$C=\frac{T\times V}{2}\ (\mathrm{g/L})$$

式中：V 为消耗钒酸铵标准溶液的体积，mL；T 为钒酸铵标准溶液对铀滴定度，mg/mL。

[数据记录与处理]

试样取样量/mL	消耗钒酸铵标准溶液体积/mL	试样中铀含量/(mg/mL)

[思考题]

1. 本方法中，三氯化钛起什么作用？可用其他试剂替代吗？

2. 本方法中，浓 H_3PO_4 起什么作用？

实验十四　电化学自沉积法分离测定^{210}Po

[实验目的]

1. 掌握电化学置换法分离^{210}Po的基本原理及实验技术。

2. 测定氯化稀土粗产品中^{210}Po的含量。

[实验原理]

铀矿及铀原料处理工厂周围的环境样品中含有低水平^{210}Po，由独居石矿中提取的稀土粗产品中亦常有^{210}Po。鉴于^{210}Po是一个剧毒性的α放射性核素，所以^{210}Po的分离测定在环境检测与安全防护中占有重要地位。

^{210}Po的分离测定方法很多，其中以在银片上的电化学自沉积法的选择性最好，而且操作简单，因此被广泛采用。在盐酸介质中，银的标准电极电势由于生成AgCl而明显降低：

$$Ag^+ + e^- \rightleftharpoons Ag \quad E^{\theta}_{Ag^+/Ag} = 0.7996\ V$$

$$AgCl + e^- \rightleftharpoons Ag + Cl^- \quad E^{\theta}_{AgCl/Ag} = 0.2223\ V$$

$$^{210}Po^{4+} + 4e^- \rightleftharpoons {}^{210}Po \quad E^{\theta}_{Po^{4+}/Po} = 0.765\ V$$

$$^{210}Pb^{2+} + 2e^- \rightleftharpoons {}^{210}Pb \quad E^{\theta}_{Pb^{2+}/Pb} = -0.1263\ V$$

$$^{210}BiO^+ + 2H^+ + 3e^- \rightleftharpoons {}^{210}Bi + H_2O \quad E^{\theta}_{Bi^+/Bi} = 0.32\ V$$

从上述的标准电极电势的数据可见，^{210}Po（Ⅳ）在盐酸介质中的电极电位显著高于AgCl-Ag对电极电势，所以^{210}Po能自发地沉积在银箔上，与其共存的一些其他放射性核素，如^{210}Pb，^{210}Bi却不能或者很难在银箔上自沉积。据此，用银箔沉积的方法可选择性地分离^{210}Po。

盐酸浓度、体系温度和沉积时间是影响^{210}Po自沉积的3个主要因素。研究表明，在0.5～1.5 mol/L的盐酸介质中沉积^{210}Po最为适宜，自沉积需要的时间与温度有关。在95 ℃时，沉积1.5 h基本上可达到完全。本实验选用0.5 mol/L盐酸溶液作为沉积的介质，温度控制90～95 ℃，在搅拌的条件下，自沉积1.5 h。在上述条件下，^{210}Po可定量自沉积到银箔上。为了消除^{210}Bi、^{212}Bi以及其他稳定杂质如Fe（Ⅲ）、Cr（Ⅵ）等的干扰，可加入少量的铋载体和还原剂，如抗坏血酸或盐酸羟胺等。

本实验涉及的操作技术适用于从氡管中提取^{210}Po以及对水、各种生物样品及矿渣中低水平^{210}Po的分析和^{210}Po标准源的制备。

[主要试剂与仪器]

1. ^{210}Po标准溶液，^{210}Po示踪液。

2. 混合氯化稀土粗制品或者含低水平^{210}Po的其他物料。

3. 0.5 mol/L的盐酸溶液。

4. 20%（w/V）盐酸羟胺溶液。

5. 银箔，纯度99%，$\phi 20 \times 0.2$ mm。

6. 铋载体（1.0 mg铋/mL）称取分析纯氧化铋1.115 g，溶解于7 mL浓硝酸中，转入到 1 000 mL 容量瓶中，用蒸馏水稀释到刻度，摇匀，备用。

7. ZnS（Ag）α 闪烁计数器或金硅面垒半导体 α 计数器一套。

8. 自沉积槽一套，见图 1。

9. 连有电动搅拌器的加热装置一套。

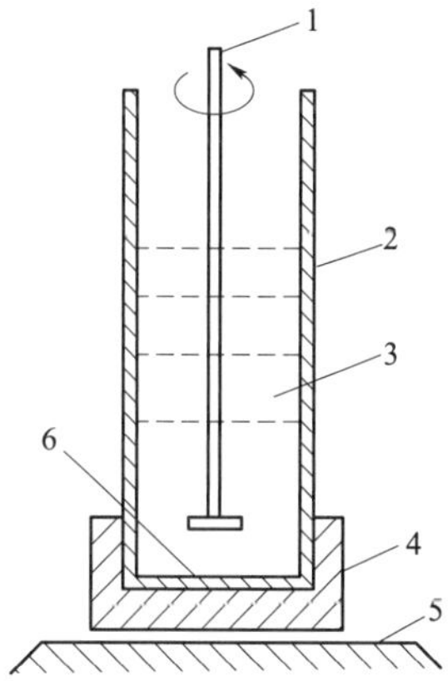

图 1　^{210}Po 自沉积槽示意图
1—搅拌器；2—槽体；3—电镀液；4—底座；5—加热器；6—银箔

［实验步骤］

(1) 银箔的预处理

银箔首先用金砂纸轻轻地抛光一次，然后用去污粉再擦洗一次，最后用蒸馏水漂洗干净，晾干后贮存于干燥器中备用。必要时，亦可用沾有 2 mol/L 硝酸溶液的脱脂棉花擦洗银箔表面。

(2) 样品制备

称取 1.0 g 氯化稀土粗制品于 50 mL 烧杯中，用 10 mL 1 mol/L 的盐酸溶解，然后加入 1.0 mL 铋载体溶液和 1 mL 盐酸羟胺溶液（或者 50 mg 抗坏血酸）以及 10 mL 0.5 mol/L 的盐酸溶液。充分混匀后转入自沉积槽中。用少量 0.5 mol/L 的盐酸溶液洗涤烧杯，洗涤液并入自沉积槽。电镀液的体积控制在 25 mL 左右为宜。

(3) 自沉积

将自沉积槽置于电加热器上加热，上接一个电动搅拌器，控制电镀液的温度在 90～95 ℃，在 500 r/min 的速度搅拌下，自沉积 1.5 h。电镀液在沉积过程中由于蒸发会使体积减小，因此，需适当补充 0.5 mol/L 的盐酸溶液，使其体积基本保持不变。沉积结束后，弃去电镀液，取出银箔。用蒸馏水冲洗银箔数次，然后在室温下晾干，用 ZnS（Ag）α 闪烁计数器或金硅面垒半导体 α 计数器测量银箔上的 α 放射性活度。

［实验结果与数据处理］

1. 按下式计算待测样品中 ^{210}Po 的含量：

$$C = \frac{1\,000I}{60Y\eta W}$$

式中：C 为待测样品中 ^{210}Po 含量，Bq/kg；I 为测得的 α 放射性净计数率，cpm；Y 为 ^{210}Po 的化学回收率，%，它可以用 ^{210}Po 示踪液来校正；η 为探测器对 ^{210}Po 的计数效率，%，可用 ^{210}Po 或者 ^{239}Pu 标准源标定。

若用 ^{210}Po 标准溶液校正，则

$$K_{校} = \eta Y = \frac{I}{A_0} \times 100\%$$

式中：I 为加入 ^{210}Po 标准溶液后模拟样品经过全过程化学操作回收的 ^{210}Po 放射性计数率，cpm；A_0 为加入模拟样品中 ^{210}Po 标准溶液的活度，Bq；W 为试样的重量，g。

2. 要 α 能谱仪上测定样品的 α 能谱，根据能谱图确定 ^{210}Po 的特征 α 峰的能量数值，与公认值相比较。

3. 根据 α 能谱图估算分析 ^{210}Po 放化纯度。若有明显杂质沾污则确定它的成分。

[思考题]

1. 实验中加入铋载体的作用何在？若不加载体可能会产生什么现象？

2. 能否可以用铜、镍或不锈钢材料代替银作^{210}Po的自沉积材料，为什么？

实验十五　天然卤水中铀的测定

[实验目的]

1. 了解试样制备方法。

2. 掌握光度法测定天然卤水铀的原理，掌握并熟练使用光度计。

[实验原理]

在 pH＝3～5 的介质中，有活性炭吸附卤水或盐水中铀，再用硝酸溶液解吸铀，调节 pH＝1.6－2.5，用磷酸三丁酯-四氯化碳分离干扰元素，加入显色剂铀氮氯膦Ⅲ，在最大吸收波长 670 nm 处，铀浓度在 0～50 μg 范围内符合比耳定律。

[主要仪器与试剂]

1. 仪器：分光光度计，分液漏斗，比色管。

2. 试剂：缓冲溶液：pH＝3，40 g 氯乙酸溶于 500 mL 水中；另取 8.6 g 氢氧化钠溶于 500 mL 水中，将两溶液混合即成。铀氮氯膦Ⅲ溶液（10 mg/L），铀标准溶液（1 mg/mL：0.524 7 g 六水硝酸铀酰溶液于少量水，移入 250 mL 容量瓶中，加 1～2 滴硝酸，用水稀至刻度，摇匀），分光光度计，甲基橙指示剂（1 mg/L），盐酸溶液（1＋9），活性炭，硝酸溶液（2＋3），硝酸铵溶液（600 g/L），氢氧化铵溶液（1＋1），萃取溶液（TBP-四氯化碳按 1∶4 混合）。

[实验步骤]

（1）试样制备：水源处取样，经活性炭吸附解吸再用萃取溶液萃取分离干扰元素制备成测定溶液。

（2）试样测定：称取适量水样于烧杯中，加入 2 滴甲基橙指示剂，用盐酸溶液（1＋9）中和至红色，过量 1～2 滴。加 0.1～0.3 g 活性炭，煮沸 5 min，过滤，用煮沸过的水洗涤 5～8 次。用 10～20 mL 硝酸溶液（2＋3）将吸附的铀洗脱于 50 mL 烧杯中，在电热板上蒸至 1～2 mL，取下，冷却后加 20 mL 硝酸铵溶液（600 g/L），用氢氧化铵溶液（1＋1）调节 pH＝1.6～2.5。将溶液移入 60 mL 分注解漏斗中，加 5 mL 萃取溶液萃取两次，每次振荡 1 min。将两次有机层合并，置于 25 mL 比色管中，加 5 mL 铀氮氯膦Ⅲ溶液，反萃 1 min，分层，取水相用光度法测定，用 2 cm 比色皿，以试剂空白为参比，在波长 670 nm 处测吸光度。

（3）标准曲线绘制：准确分取 0、0.05、0.1、0.3、…、1.0 μg 铀标准溶液于一组 50 mL 烧杯中，加入 10 mL 硝酸溶液（2＋3），在电热板上蒸至 1～2 mL，取下，冷却后加 20 mL 硝酸铵溶液（600 g/L），以下按试样测定顺序进行。测量的吸光度对铀量作标准曲线。同做空白样一份。

$$结果计算：C=\frac{m}{V}$$

式中：C 为铀的含量，mg/L；m 为从标准曲线上查得的试样中质量，μg；V 为卤水的体积，mL。

铀标准溶液/μg	吸光度 A
0	
0.05	
0.1	
0.3	
0.5	
0.7	
1.0	

[数据记录与处理]

试样取样量/mL	吸光度/A	试样中铀含量/（mg/mL）

[思考题]

1. 本方法中，磷酸三丁酯与四氯化碳分别起什么作用？四氯化碳可用其他试剂替代吗？

2. 光度计由哪几个主要部件构成，各有何作用？

实验十六　水样中钍同位素的分离与测定

[实验目的]

1. 掌握水体中铀钍同位素分离的实验方法。

2. 了解 α、β 谱仪的使用。

[实验原理]

用浓氨水调节水样 pH 为 8.0～8.5，用 Fe（$OH)_3$共沉淀水中 U、Th 等同位素，经阴离子柱富集、分离出 Th 同位素，用 TTA/苯萃取，α、β 谱仪测定各种 Th 同位素（cpm），然后结合回收率计算出待测样品中各 Th 同位素的比活度。

[主要仪器与试剂]

8 路 alpha 谱仪，MDS 多路低本底 α、β 计数器，浓盐酸，产额示踪剂，$FeCl_3$，阴离子交换树脂，特氟隆烧杯，TTA/苯，不锈钢片，HNO_3。

[实验步骤]

（1）在已过滤的水样样品（20～50 dm^3）中加入 40～100 mL 浓盐酸进行酸化，通入 N_2约 5 min 以驱除 CO_2，加入适量的产额示踪剂及 100 mg 左右的 Fe^{3+}（$FeCl_3$形式）载体，放置过夜后，用适量的浓氨水将水样 pH 调约为 9，形成棕色的 Fe（$OH)_3$沉淀。

（2）让其自然沉降，通过虹吸和离心分离收集载带有铀、钍的 Fe（$OH)_3$沉淀，用浓盐酸溶解沉淀，调成 9 mol/L 盐酸溶液，将其流过盐酸溶液转型的阴离子交换树脂柱，流出液中含有钍、镁等组分，用 9 mol/L 盐酸溶液将钍完全流洗至特氟隆烧杯中，然后将流洗液在电热板上蒸至近干。

（3）阴离子交换树脂上吸附有铀和 Fe，用 HNO_3-NH_4NO_3混合溶液将 Fe 流洗干净。再用 0.1 mol/L HNO_3溶液洗脱铀，含铀流出液蒸干后用少量洗涤烧杯，洗涤液转入萃取用的离心管中，调节 pH 约为 3，加入 TTA/苯溶液萃取铀，有机相滴加于加热的不锈钢圆片上，制成均匀薄源，然后用 8 路 α 能谱仪测量 U 同位素及相对应的钍同位素，见图 1。

（4）含钍溶液蒸至近干后转型成 8 mol/L HNO_3溶液，然后通过一根已预先用 HNO_3转型的阴离子交换树脂，用 6 倍柱体积的 HNO_3流洗出杂质，再用盐酸溶液洗脱钍，将钍流出液蒸干后用少量 HNO_3洗涤烧杯，洗涤液转入萃取用的离心管中，用 TTA/苯溶液萃取钍，有机相滴加于加热的不锈钢圆片上，制成均匀薄源，用 β 计数仪测量相对应的 Th 同位素。

（5）Th 同位素的测定：^{234}Th 是通过低本底 β 谱仪测定其子体^{234m}Pa 的 β 射线而获得的，由于钍源中含有^{228}Th、^{229}Th、^{230}Th 和^{232}Th，因此制源后需立即测定，另外^{228}Th、^{229}Th、^{230}Th 和^{232}Th 是用 α 谱仪测量，各核素对应的 α 粒子能量与强度分别为：^{228}Th 5.341 MeV（26.7%），5.423 MeV（72.7%）；^{229}Th 4.815 MeV（9.3%），4.845 MeV（56.2%），4.901 MeV（10.2%），4.968 MeV（5.97%）；^{230}Th 4.621 MeV（23.4%），4.687 MeV（76.3%）；^{232}Th 3.957 MeV（23%），4.016 MeV（77%）。其回收率包括了化学回收率和 α 谱仪的探测效率，尽管各种钍同位素有相同的化学回收率，但因仪器探测

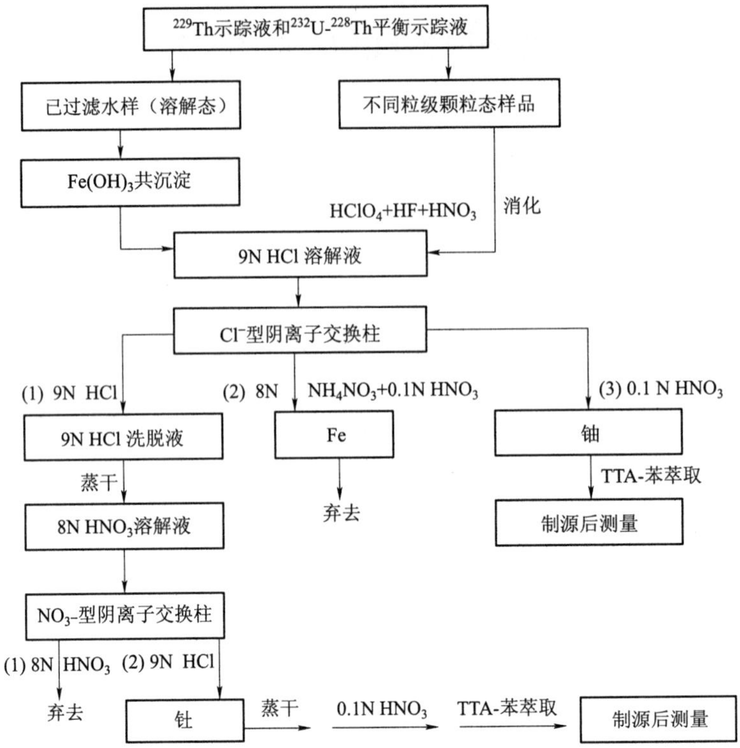

图 1 铀、钍同位素的分离纯化程序

效率的不同，故^{234}Th和^{228}Th等其他钍同位素的全程回收率就有了不同，因此在计算^{234}Th比活度时，必须进行α谱仪和β谱仪之间探测效率的相互刻度。

(6) Th 同位素比活度的计算及校正：在计算^{234}Th比活度时，总β计数不仅包括$^{234}Th+^{234m}Pa$的β贡献，还有其他钍同位素子体的贡献、仪器本底的贡献以及分离时刻与测定时刻的时间间隔造成的自身衰变，^{238}U的衰变生长等，因此必须对其进行校正。若制源后立即测量，则只需扣除仪器的本底及时间间隔^{238}U生长部分并加上时间间隔^{234}Th自身衰变部分，^{238}U生长部分的时间间隔为柱分离时刻与颗粒物分离时刻之差，而^{234}Th自身衰变部分的时间间隔分为从膜分离时刻到柱分离时刻和从柱分离时间到样品测量时刻两个时间段。若样品制源后，不立即测量（这种情况应该尽量避免），则还需对^{228}Th、^{229}Th、^{230}Th和^{232}Th的子体的β贡献进行校正，然后再根据α谱仪和β谱仪之间探测效率的相互刻度、β谱仪的探测效率及采样体积计算出比活度（dpm/L 或 dpm/g）。在计算其他钍同位素时，根据选择的示踪核素（常选^{229}Th，自然环境中含量较低）的α谱仪的测定结果（cpm）和其已知活度（dpm）算出总的回收率，然后再反算出其他钍同位素的活度，然后再做时间间隔校正和体积或质量校正即得样品的比活度（dpm/L 或 dpm/g）。

[实验数据记录与处理]

1. 数据记录、处理，见表 1。

表 1　数据记录表

样品编号	样品重量/mg	回收率	探测效率	测量时间	A^{234}Th/(dpm/g)	A^{230}Th/(dpm/g)	A^{232}Th/(dpm/g)

［思考题］

1. 钍同位素的分离富集过程中如何提高回收率?

2. 钍同位素在测定过程中，其计数率受到哪些方面的影响?

实验十七　放射性废水中^{131}I的测定

［实验目的］

1. 掌握放射性废水中^{131}I的萃取过程。

2. 掌握β计数器测定^{131}I的方法。

［实验原理］

通过阴离子交换柱进行离子交换，然后用四氯化碳萃取富集碘同位素，最好再通过加入银离子，生产碘化银沉淀，制源后放在β计数器上测量。

［主要仪器与试剂］

次氯酸钠溶液、亚硫酸钠溶液、四氯化碳溶液、硝酸银溶液、无水乙醇、^{131}I参考溶液、碘载体溶液、^{137}Cs参考溶液等溶液。实验用水为二次蒸馏水。

低本底α/β测量仪和CPA1003S电子天平。

［实验步骤］

(1) 样品的采集

用大聚乙烯塑料桶取某放射性废水样品约0.25 m^3，各自搅匀后，各取0.05 m^{3}分装于4个小聚乙烯塑料桶中，依次标为“废水1、废水2、废水3、废水4”，即4个平行水样。

(2) 碘的富集

每个样品经澄清过滤后，取上清液，在水样品中加入2 mL碘载体（1 mL溶液中含10 mg碘），搅匀。依次加入5.0～8.0 mL 3.0% 次氯酸钠溶液、1.5～2.0 g盐酸羟胺晶体、1.0～1.5 g亚硫酸钠固体，搅匀。用氢氧化钠溶液或硝酸溶液调整pH＝6～7，搅拌30 min，将溶液通过强碱性NO_3^-型阴离子树脂，用100 mL超纯水洗柱，弃去流出液。然后用250 mL 3.0% NaClO解析液通过阴离子交换柱，收集流出液。再用100 mL超纯水洗涤，收集流出液。合并流出液，转入1 000 mL分液漏斗中。

向分液漏斗中加入20 mL四氯化碳，30 mL亚硝酸钠溶液，再加入浓硝酸调pH至1后振荡2 min。静置15 min后将有机相转移到100 mL分液漏斗中。再用20 mL、15 mL和5 mL的四氯化碳分别进行第二次、第三次和第四次萃取，合并有机相。在有机相中加入等体积的超纯水，再加8滴亚硫酸氢钠溶液后振荡2 min，静置分层，将有机相转移到另一个分液漏斗中，备用。将水相转移入100 mL烧杯中。在有机相中加入5.0 mL超纯水，振荡2 min，静置分层，弃去有机相，合并水相。将上述烧杯中含碘的水溶液加热至微沸，除去剩余的四氯化碳。冷却后，在搅拌下滴加浓硝酸，当溶液呈金黄色时，立即加入7.0 mL硝酸银溶液，产生黄色碘化银沉淀。准备制源。

(3) 制源、测量与计算

将碘化银沉淀抽滤后于110 ℃烘干15 min，在干燥器中冷却后称重。计算化学回收率。然后将载有沉淀源的不锈钢垫圈放置到透明胶带上，盖上质量厚度为3 mg/cm^{2}的塑料膜，用镊子将垫圈周围的粘合在中间，粘牢后取下样品源，剪齐外缘，待测。将待测源置于低本底β测量仪中立即测量。记下测量时间（日期和小时）。测量时间的长短视源的活度而定。测量相对偏差应小于或等于15%。

(4) ^{131}I 的化学回收率的计算

$$^{131}\text{I 的化学回收率：} Y_{^{131}\text{I}} = \frac{m_2 \cdot M_I}{m_1 \cdot M_{AgI}} \times 100\% \quad (1)$$

式中：m_1表示加入碘载体中碘的重量（忽略^{131}I参考溶液中碘的量）；m_2表示AgI样品源净重；M_I表示碘的原子量，126.90；M_{AgI}表示碘化银的化学式量，234.77。

(5) 标准源样品绘制自吸收标准曲线

分别取7个10 mL烧杯分别加入0.5、1.0、1.5、2.0、2.5、3.0、3.5 mL碘载体溶液。然后各加入0.1 mL ^{131}I参考溶液（约4 050计数/min），搅匀后滴在不锈钢盘内，加1滴氢氧化钠溶液，慢慢烘干，制成与样品测定条件一致的薄源，在低本底β测量装置上测定放射性活度。各源的放射性活度经化学回收率校正为I，以I_0为标准，求出不同样品厚度的碘化银沉淀标准源I的自吸收效率ε，标准源样品的化学回收率计算方法同式（1）。

(6) ^{131}I 体积比活度的计算

$$^{131}\text{I 的比活度：} A_{^{131}\text{I}} = \frac{n_s}{\varepsilon \cdot f \cdot \eta \cdot Y \cdot V}$$

式中：A表示样品的体积比活度，单位Bq/L；n_s表示样品的净计数率，单位cps；η表示仪器的探测效率，%；Y表示^{131}I的化学分离全程回收率，%；f为衰变的校正因子；V为水样体积，单位dm^3；ε表示自吸收效率；f为衰变引起的时间校正因子，计算公式为$f=e^{-\lambda t}$，式中λ为^{131}I的衰变常数，单位d^{-1}，t为样品采样到测量的时间间隔，单位d。

[数据记录与处理]

1. 数据记录、处理，见表1～表3。

表1　^{131}I标准源全程化学回收率

序号	1	2	3	4	5	6	7
源液/mL							
载体/mL							
AgI的重量 m_2/mg							
碘的初始 m_1/mg							
回收率 $Y_{^{131}\text{I}}$							
$Y_{^{131}\text{I}}$ 平均值							

表 2 ^{131}I 标准源自吸收效率的测定结果

序号	1	2	3	4	5	6	7
AgI 重量 m_2/mg							
AgI 质量厚度/（$g \cdot cm^{-2}$）							
自吸收效率 ε							

表 3 水环境样品中 ^{131}I 的全程化学回收率及体积比活度

序号	废水 1	废水 2	废水 3	废水 4	废水 5	废水 6	废水 7
水样体积 V/m^3							
碘的初始量 m_1/g							
AgI 的重量 m_2/mg							
质量厚度/（$g \cdot cm^{-2}$）							
回收率 Y/%							
均值 Y/%							
净计数率 n_s/cps							
探测效率 η /%							
时间衰变因子 f							
自吸收效率 ε							
体积比活度 A/（$Bq \cdot m^{-3}$）							
均值 A/($Bq \cdot m^{-3}$)							

[思考题]

1. ^{131}I 的全程化学回收率受到哪些因素的影响？

2. 目前测定水样中 ^{131}I 的方法有哪些，其优缺点分别是什么？

实验十八　α能谱仪-萃取分离法测定土壤中钚同位素

［实验目的］

1. 掌握萃取色层分离钚的操作流程。

2. 掌握 α 谱仪测量钚的操作规程。

［实验原理］

土壤试样用硝酸加热浸取或用硫酸-高氯酸-硝酸-氢氟酸加热溶解进行前处理。然后用三正辛胺-聚三氟氯乙烯色层粉萃取色层吸附钚，并用 10 mol/L 的盐酸和 3 mol/L 的硝酸分别洗涤色层柱，以去除钍、铀等干扰离子。最后用草酸-硝酸溶解吸钚。在低酸度下进行电沉积制源。用低本底 α 计数器或 α 谱仪测量。

［主要仪器与试剂］

低本底 α 计数器：最低可探测限为 2.0×10^{-4} Bq。低本底 α 谱仪：最低可探测限为 2.0×10^{-4} Bq。

分析天平：感量 0.1 mg。离心机：最高转速 4 000 r/min，容量 100 mL×4。玻璃色层柱，电沉积装置，聚四氟乙烯烧杯：容量 100 mL。

三正辛胺（TOA）、二甲苯：$C_6H_4(CH_3)_2$，含量不少于 80.0%。聚三氟氯乙烯色层粉：40～60 目。氨磺酸：$HO\cdot SO_2\cdot NH_2$，含量不少于 99.5%。还原铁粉：含量不少于 97.0%。亚硝酸钠：含量不少于 99.0%。氢氧化铵（或氨水）：浓度 25.0%～28.0%（*w*/*w*：质量分数）。无水乙醇：含量不少于 99.5%（*w*/*w*）。盐酸：浓度 36.0%～38.0%（*w*/*w*）。硝酸：浓度 65.0%～68.0%（*w*/*w*）。草酸：$H_2C_2O_4\cdot 2H_2O$，含量不少于 99.8%。硫酸：浓度 95.0%～98.0%（*w*/*w*）。高氯酸：浓度 70.0%～72.0%（*w*/*w*）。氢氟酸：浓度不少于 40.0%（*w*/*w*）。硝酸铝：$Al(NO_3)_3\cdot 9H_2O$，含量不少于 90.0%。精密试纸：pH=0.5～5.0。碘氢酸：浓度不低于 45.0%（*w*/*w*）。TOA-二甲苯溶液：将 1 份 TOA 与 9 份二甲苯混合。0.4 mol/L 碘氢酸-6.0 mol/L 盐酸溶液。0.025 mol/L 草酸—0.150 mol/L 硝酸溶液。氨基碘酸亚铁溶液。

［实验步骤］

(1) 采样和试样的制备

1）采样

选择具有代表性的地段，采集样品时，布点应因地制宜，可采用梅花形或直线形等方式均匀布点。每点采集 10 cm×10 cm×5 cm 或直径 11 cm 深 5 cm 的表层土壤，装入食品袋中，做好标记和记录。

2）试样的制备

将土壤平铺在搪瓷盘中或塑料布上晾干，去掉碎石和植物根基，捣碎并全部通过 10 目（孔径为 2.0 mm）的分样筛，混合均匀，然后按对角线四分法缩取部分土壤（约

0.5 kg）碾碎后全部通过 120 目的分样筛，在 110 ℃下烘干，保存在干燥的磨口瓶中或塑料瓶中供分析用。

（2）试样的前处理

1）硝酸浸取法

从土壤试样中称取 30.0 g 的试样，准确到 0.1 g，置于 250 mL 烧杯中，缓慢加入硝酸 70 mL，搅拌均匀后放在电炉上加热煮沸 10～15 min（防止迸溅和溢出），冷却至室温后将浸取液和沉淀转移至离心管中离心 10～15 min（转速为 3 000 r/min），收集上层清液。再用 40 mL 硝酸将沉淀转移至原烧杯中再重复加热浸取一次，将两次上层清液合并。沉淀用 30 mL 硝酸、30 mL 水分别洗涤一次，离心，上层清液与前两次上层清液合并（称为 A 液）供分析用。

2）硫酸-高氯酸-硝酸-氢氟酸-盐酸溶解法

从土壤试样中称取 5.00 g 试样，准确到 0.01 g，置于 200 mL 烧杯中，加入 5 mL 硫酸，5 mL 高氯酸搅拌均匀后盖上表面皿在电炉砂浴上消化 1 h，再趁热加入 5 mL 高氯酸继续加热消化 1～1.5 h，去掉表面皿蒸干。然后将残渣转入 100 mL 聚四氟乙烯烧杯中，依次用 10 mL 高氯酸，10 mL 硝酸分多次洗涤原烧杯。洗涤液转入聚四氟乙烯烧杯中，再加入 20 mL 氢氟酸，加盖在约 200 ℃砂浴上微沸 3～4 h 后去盖蒸发至干。残渣呈淡绿色或淡黄色。用 50 mL 硝酸将残渣转至 100 mL 烧杯中加热溶解，离心（转速 3 000 r/min）10～15 min，收集上层清液。用 25 mL 硝酸将沉淀转移至原烧杯中，重复以上操作，合并两次上层清液。用 10 mL 盐酸再将沉淀转移至原烧杯中，加热蒸发至干，用 10～15 mL 硝酸加热溶解残渣，并与前两次上层清液合并。同时加入 5 g 硝酸铝（称为 B 液）供分析用。

如果残渣用 50 mL 和 25 mL 硝酸两次加热能完全溶解时，则可省去 10 mL 盐酸处理这一步骤。

3）A 或 B 液每 100 mL 加入 0.5 mL 氨基磺酸亚铁还原 5～10 min，再加入 0.5 mL 亚硝酸钠氧化 5～10 min，煮沸溶液使过量的亚硝酸钠完全分解，冷却至室温。

4）控制溶液的硝酸浓度为 6～8 mol/L，以 2 mL/min 的流速通过已装好的色层柱。用 10 mL 硝酸分多次洗涤原烧杯，洗涤液以相同的流速通过色层柱。

5）依次用 20 mL 盐酸和 30 mL 硝酸，2 mL 水洗涤色层柱，流速与吸附流速相同。

6）在不低于 10 ℃条件下，用 8.0 mL 0.025 mol/L 草酸-0.150 mol/L 硝酸溶液以 1 mL/min 流速解吸，将解吸液收集在电沉积槽中，并用氨水调节解吸液的 pH 值为 1.5～2.0，将电沉积槽置于流动的冷水浴中，极间距离为 4～5 mm，电流密度为 500～800 mA/cm^2 下电沉积 1 h。终止前加入 1 mL 氨水继续电沉积 1 min，断开电源，弃去电沉积液，依次用水和无水乙醇洗涤电镀片，而后在红外灯下烘干，在低本底 α 计数器或 α 谱仪相测量。

[数据及结果讨论]

1. 结果计算

土壤中钚的放射性活度按下式计算：

$$A = N \times 1\,000 / (60 \times E \times Y \times m)$$

式中：A 为土壤中钚的放射性活度，Bq/kg；N 为试样源的净计数率，cpm；E 为仪器对钚的探测效率，cpm/dpm；Y 为钚的全程放化回收率；m 为土壤试样质量，g；1 000 为将 g 变成 kg 的转换系数；60 为将 dpm 变为 Bq 的转换系数。结果以两位小数表示。

2. 钚的全程放化回收率的测定

称取未被污染的土壤试样，加入已知钚浓度的指示剂，按上述过程操作。

按下式计算钚的全程回收率 Y：

$$Y = N_1 / N_0$$

式中：N_1 为试样源的净衰变数，dpm；N_0 为试样中加入钚的衰变数，dpm。

3. 空白试验

每当更换试剂时必须进行空白试验，样品数不能少于 4 个，其试验步骤如下。

酸浸取法：取 120 mL 硝酸置于 200 mL 烧杯中，按上述条件操作，采取和样品相同的条件测量空白样品的计数率。计算空白样品的平均计数率和标准误差。检验其与仪器的本底计数率在 95% 的置信水平下是否有显著性的差异。

酸溶解法：不加试样而按上述条件操作，其测量、计算和检验均同上。设备参数：计量桶面积 1 m^2；管道直径 30 mm；孔板开孔直径 20 mm。

4. 数据记录及处理，见表 1。

表 1　实验数据记录表

样品编号	试样源的净计数率/cpm	仪器对钚的探测效率/(cpm/dpm)	全程放化回收率	土壤试样质量	土壤中钚的放射性活度

[思考题]

1. 钚同位素的分离与测定目前有哪些方法？

2. 本实验中，萃取分离富集钚同位素的化学回收率受到哪些因素的影响？

实验十九　大体积水样中^{137}Cs的测定

[实验目的]

掌握用磷钼酸铵法测定大体积水样中低水平^{137}Cs的放射化学分析实验技术。

[实验原理]

^{137}Cs是一个很重要的裂变产物，其半衰期长、裂变产额高，是核燃料后处理过程、放射性三废处理以及环境监测的常见对象之一。

用于^{137}Cs放射化学测定的方法很多，其中以磷钼酸铵（AMP）法为常用。AMP（$(NH_4)_3PMo_{12}O_{40}$）是一种杂多酸盐，具有无机离子交换剂的性质。在酸性介质中，它对一价碱金属离子有选择吸附的特性。其吸附选择性的次序是：

$$Cs^+ > Rb^+ > K^+ > Na^+ > NH_4^+$$

AMP 选择性吸附Cs^+的反应可用下式表示：

$$(NH_4)_3PMo_{12}O_{40} + 3\ Cs^+ \rightleftharpoons Cs_3PMo_{12}O_{40} + 3NH_4^+$$

本实验首先用 AMP 从大体积水样中选择性吸附浓集^{137}Cs，继而用 NaOH 溶解 AMP，加入柠檬酸以掩蔽其他杂质。在冰醋酸介质中用碘化铋酸铯沉淀。最后以碘铋酸铯（$Cs_3Bi_2I_9$）形式称重、测量放射性活度。据此就可算得样品中^{137}Cs的含量。本实验方法也可以用于废水及人尿中低水平^{137}Cs的测定。

[主要试剂与仪器]

1. ^{137}Cs标准溶液，示踪剂溶液。

2. 磷钼酸铵

称取 8 g 磷酸氢二铵（$(NH_4)_2HPO_4$，二级）溶解于 250 mL 蒸馏水中。另外再称取 10 g 硝酸铵，溶解于 80 mL 60%（体积分数）的硝酸溶液中。将上述两种溶液合并于 1 L 的烧杯中。加热至 60 ℃，在不断搅拌下，缓缓加入 30%（w/V）钼酸铵溶液 250 mL，继续加热几分钟。冷却，静置澄清。弃去清液，沉淀滤于布氏漏斗中，分别用 100 mL 1%硝酸溶液和甲醇洗涤沉淀各一次。取出沉淀物，置于真空干燥器中干燥数小时，制得的黄色粉末状 AMP，存于棕色瓶中备用。

3. 碘化铋-碘化钠混合液

称取 40 g 三碘化铋和 40 g 碘化钠，于研钵中研细，并充分混匀，然后把混合物转入 250 mL 烧杯中。加入 4 mL 冰醋酸和 96 mL 水，细心搅拌，使其溶解。若发现有少量不溶物，应设法滤去。制得的碘化铋钠应贮于棕色瓶中，备用。

4. 铯载体（10 mg 铯/mL）

称取二级氯化铯试剂 12.5 g，溶于少量稀盐酸溶液中，用蒸馏水将此溶液稀释至 1 L。载体溶液的标定方法如下：准确移取 10.00 mL 待标定的载体溶液于 50 mL 小烧杯中，加 1 mL 浓硝酸和 5 mL 高氯酸，小心煮沸溶液并冒烟 5 min，冷却至室温，加入 15 mL 无水乙醇，再于冰浴中冷却 15 min。高氯酸铯沉淀滤于已恒重的 4 号砂芯漏斗中。沉淀用无水乙醇洗涤 3 次，每次约 3 mL。最后将漏斗置于（110±5）℃下烘烤 15 min。

取出冷却后，即转入干燥器中冷至室温。最终以高氯酸铯（$CsClO_4$）形式称重。根据结果，计算溶液中铯的准确浓度。

5. 30%柠檬酸溶液，0.5 mol/L 硝酸溶液。

6. 4 mol/L NaOH 溶液，冰醋酸，无水乙醇。

7. G-M 计数管，FH—408 自动定标器。

8. FJ332 低本底 β 探测器。

9. 可折式不锈钢漏斗，4 号砂芯漏斗，离心机，50 mL 离心杯等。

[实验步骤]

(1) 水样中^{137}Cs 示踪剂或铯载体化学回收率的测定

取 1 L 自来水于 1 个大烧杯中，平行两份。各加 50 mL 浓硝酸进行酸化。然后加入约 50 cpm 的^{137}Cs 示踪剂溶液和 20 mg 铯载体。充分搅拌均匀。静置 10 min。加入 2 gAMP 粉末。大力搅拌 30 min，静置澄清，放置过夜。

虹吸法除去上层清液。AMP 沉淀用 0.5 mol/L HNO_3溶液定量转入 50 mL 离心杯中，离心，弃去上层清液。离心杯中的 AMP 用 0.5 mol/L HNO_3洗涤一次，离心，弃去洗涤液。

离心杯中的 AMP 用最少量的 4 mol/L NaOH 溶液溶解。溶液转入 50 mL 小烧杯中，加热蒸发，浓缩溶液的体积在 10 mL 以下。若在蒸发过程中发现溶液有浑浊现象，则需要过滤后再进行浓缩。加入 5 mL 30%柠檬酸，再次蒸发浓缩溶液的体积至 10 mL 以下。必须注意，蒸发时不能让溶液溅出烧杯外。冷却，加 3～4 mL 冰醋酸，于冰浴中冷却 10 min。加入碘化铋钠溶液 2 mL，用玻璃搅棒小心摩擦小烧杯的内壁，直至有闪光的亮黄色沉淀出现，放置 30 min。用装有已经恒重滤纸的可拆式漏斗抽滤沉淀。用冰醋酸洗涤沉淀，直至洗涤液变成无色为止。再用 5 mL 无水乙醇洗涤 2 次，抽干。取出碘铋酸铯沉淀物于玻璃板上，放上压样环，使沉淀物样品保持平整，于低本底 β 探测器上测量放射性活度，测量时间约 30 min。测量后，在指定的天平上准确称出样品的重量。

(2) 碘铋酸铯的探测效率与自吸收校正因子的测定

取 14 个 25 mL 小烧杯，平行两组，每组 7 个。分别加入 5.0、10.0、15.0、20.0、25.0、30.0、40.0 mg 的铯载体，然后在每个小烧杯中均加入 100 dpm 的^{137}Cs 标准溶液（I_0），小心将溶液混匀，放置 20 min，以下按实验步骤（1）中碘铋酸铯沉淀的操作方法进行沉淀，由此可制得一系列不同厚度的^{137}Cs 放射源。在严格相同的几何条件下，测量各个放射源的放射性活度（$I_{测}$），并分别准确称量沉淀物的重量。将测得的实验数据详细记录于表 1 中。

表 1　^{137}Cs 探测效率-自吸收校正因子的测定

实验序号	1	2	3	4	5	6	7
具体加入量，$W_{固体}$/mg							
碘铋酸铯理论值/mg							
碘铋酸铯测定值/mg							

续表

实验序号	1	2	3	4	5	6	7
载体回收率 $Y_1=\frac{W_{测量}}{W_{理论}}\%$							
放射源中实际放射性活度 I/dpm							
放射源中测得的放射性活度 $I_{测}$/cpm							
探测效率-自吸收总校正因子 $K_{总}=\frac{I_0 \cdot Y_1}{I_{测}}$							

[实验结果与数据处理]

1. 铯载体的化学回收率测定

铯载体的化学回收率可按下式计算：

$$Y=\frac{W_{实际} \cdot CF}{W_{载体}} \cdot 100\% \tag{1}$$

式中：$W_{实际}$为实验测得的碘铋酸铯重量，mg；$W_{载体}$为加入的铯载体的重量，mg；CF 为碘铋酸铯中铯的化学因子。

2. ^{137}Cs 的探测效率-自吸收校正因子的测定

根据表 1 所列的实验结果，绘制 $K_{总}$-$W_{测定}$ 的校正曲线。

3. 实际水样中^{137}Cs 的测定

若测试的是实际水样中低水平^{137}Cs 的含量，那么结果可按下式计算：

$$C=\frac{IK_{总}}{60YV}(\mathrm{Bq/L}) \tag{2}$$

式中：C 为样品中^{137}Cs 的含量，Bq/L；I 为测得的碘铋酸铯的净放射性计数率，cpm；$K_{总}$为探测-自吸收总校正因子，可由（2）结果的曲线上查得；Y 为化学回收率，%；V 为测定用的水样体积，L。

[思考题]

1. ^{137}Cs 放射性示踪剂的化学回收率怎样计算？观察它与铯载体化学回收率之差异，讨论产生偏差的原因。

2. 常用的^{137}Cs放射化学分析方法有哪几种？与之相比，AMP 法有何特点？

3. AMP 吸附铯的机理是什么？类似 AMP 的试剂还有哪些？

实验二十　镭同位素的分离与测定

[实验目的]

1. 掌握 $BaSO_4$ 共沉淀镭。

2. 掌握射气-闪烁法测定镭的分析技术。

[实验原理]

根据镭与钡在同一族，镭与钡能形成硫酸钡镭同晶共沉淀的性质，以硫酸钡作载体，共沉淀水样中的镭，使其得以富集。沉淀物溶解于碱性 EDTA 溶液，封闭于扩散器积累氡，转入闪烁室，测量、计算镭含量。

射气是由母体物质放射性衰变而析出的放射性惰性气体，一般是指镭同位素的衰变产物——氡同位素。因此射气法是测定镭同位素的重要方法。在自然界存在着 4 种镭同位素，它们分属于 3 个天然放射系，其中除 ^{228}Ra 发射 β 射线外，其他 3 个 ^{226}Ra、^{224}Ra、^{223}Ra 均为 α 放射性核素，而且其衰变产物也均为 α 放射性核素，即 ^{222}Rn、^{220}Rn、^{219}Rn。与这 3 个氡同位素平衡的母体分别为镭、钍、锕。因此称这 3 个氡同位素为镭射气、钍射气和锕射气，并分别用符号 Rn、Tn、An 来表示。这 3 个射气，其半衰期都不太长，均与其母体形成放射性平衡。因此通过测量样品析出的射气，可以求得相应的镭、钍、锕的同位素的含量。析出镭射气是镭同位素的独特性质，不易受其他核素的干扰，而且闪烁室测量射气的灵敏度很高，因此闪烁 - 射气法是分析镭同位素最可靠和最灵敏的方法。其在放射化学分析、环境监测和地质分析等方面应用很广。尤其用于稀土等样品中含锕量的测定更为简便。

Rn 的半衰期比 Tn 和 An 的要长得多，测量它们的方法有较大的不同。测量 Rn 常用真空法。其方法是：在样品中先积聚相当量的 Rn，把它引入已抽真空的闪烁室，然后放置一定时间再进行测量。因为 Rn 的半衰期较长而其子体半衰期很短，所以在闪烁室内由于子体的生长使测得的计数率随时间的增加而增加，1 h 后其增加比较缓慢，3 h 后趋于饱和。因此，用闪烁法测镭时，把射气引入室内后要放置 3 h 再进行测量，有时也可放置 1 h 或更短的时间，但必须进行校正。测量 Tn 和 An，一般采用流动法，其方法是以载气把样品中不断生长的 Tn 和 An 送入闪烁室进行测量。Tn 和 An 的半衰期为 55.6 s 和 3.96 s，采用不同的载气流速可分别测定它们。在上述两类方法中，均需采用标准源进行相对测量才能确定它们的含量。

[主要仪器与试剂（见图 1）]

烧杯、可调式恒温电热板、室内氡钍分析仪（见图 2）、500 mL 闪烁室、智能定标器（见图 3）、真空泵、扩散器、干燥管等。

[实验步骤]

(1) 共沉淀富集镭

取 1～5 L 澄清水样（视镭含量而定）于烧杯中，加热近沸。加入 1.0～1.5 mL 氯化钡溶液，在不断搅拌下，滴加 5 mL 硫酸溶液，（此时溶液 pH 必须近似为 2）。加热微沸

1～2 min，取下放置 4 h 以上，虹吸去上层清液。

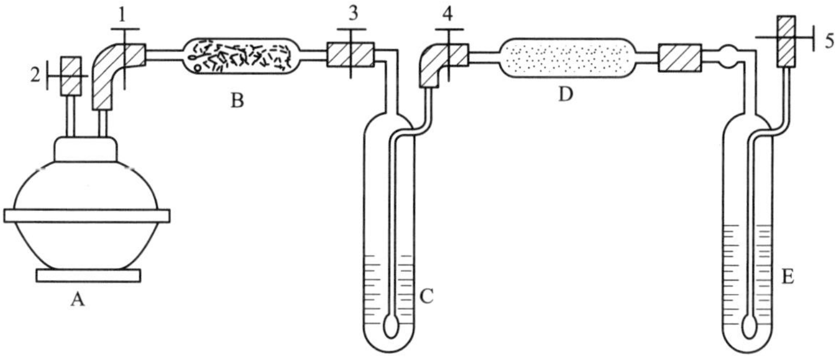

图 1　主要仪器与试剂示意图

A—闪烁室；B—氯化钙干燥管；C—镭标准源；

D—活性炭管；E—氯化钡饱和溶液；1，2，3，4，5—螺旋夹

图 2　室内氡钍分析仪

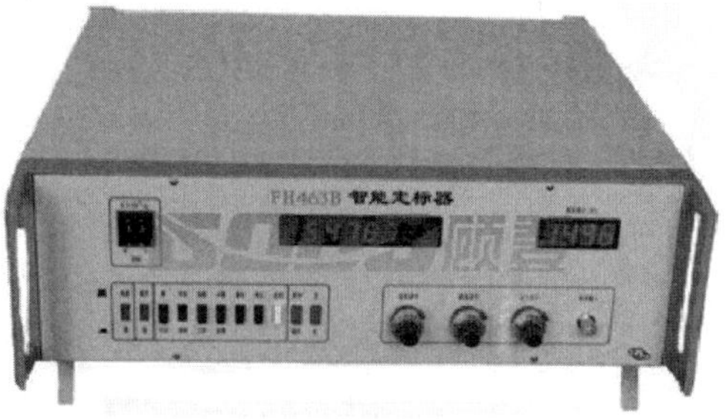

图 3　智能定标器

(2) 镭的测定

1）进气

用真空泵将闪烁室 A 和干燥管 B，抽成真空，旋紧螺旋夹 1、2、3，按图 1 所示与已封闭好的装镭标准源的扩散器 C、活性炭管 D、氯化钡饱和溶液 E 等连接好，向闪烁室送气。首先打开螺旋夹 1 和 3 使扩散器中所积累的氡及其子体进入闪烁室。然后打开 5，调节 4，使进气速度为每分钟 100～120 个气泡（或每分钟进气 40～50 mL）。进气 5～10 min 后，加快进气速度，在 15 min 内全部进气完毕。旋紧螺旋夹 1 和 3，记录进气时间和闪烁室编号。

2）测量

进气完毕后，放置 3 h 进行测量。测量时取 3 次读数。每次测量时间视镭的活度而定，一般为 5～10 min。当测得的平均计数率不符合时，则应进行第 4 次读数，弃去超差的读数。按下式计算：

$$K = \frac{\alpha(1 - e^{-\lambda t})}{\bar{I} - I_0}$$

式中：K 为闪烁室的 K 值，Bq/cpm；α 为镭标准源的活度，Bq；$\overline{I}$ 为测得的平均计数率，cpm；I_0 为闪烁室的本底计数率，cpm；$1-e^{-\lambda t}$ 为氡的积累系数；λ 为 $0.693/T$，氡的衰变常数；T 为氡的半衰期，91.8 h；t 为氡的积累时间，h；e 为自然对数的底。

3）射气闪烁法测量水中的镭

沿烧杯壁加入 30 mL 碱性 EDTA 溶液，加热溶解硫酸钡共沉淀物，使之成为透明液体。蒸发至 30 mL 左右，移入扩散器。用少量水洗涤烧杯，洗涤液并入同一扩散器。控制溶液体积为扩散器的三分之一左右，视镭含量而定，封闭 3～20 d，积累氡。记录封闭时间和扩散器编号。

[数据记录与处理（见表 1）]

表 1 数据记录表

样品编号							
闪烁室号							
本底计数	开始时间						
	终止时间						
	计数						
	本底计数率						
封闭时间	开始时间						
	终止时间						
	累积时间						
送气时间	开始时间						
	终止时间						
样品计数	开始时间						
	终止时间						
	计数						
	样品计数率						
装置系数 k							
Ra 的含量							

[思考题]

1. ^{228}Ra、^{226}Ra、^{224}Ra、^{223}Ra 等镭同位素分别用什么方法测定并比较它们的不同？

2. 闪烁室的装置系数怎么计算？

实验二十一　金属钙还原 UF_4 制取铀及其纯度的控制

[实验目的]

1. 了解钙还原 UF_4 制取铀的方法及原理。

2. 了解用 X 光照像法测定金属铀纯度的方法。

[实验原理]

铀化合物（氧化物，氟化物）的高稳定性及金属铀对氢、氧、氯、水蒸气和含碳化合物的高反应能力增加了金属铀制备过程的复杂性。然而铀与上述元素的化合物不溶于金属铀中，因此在惰性气氛或真空中进行处理时，它们在还原熔化或精炼熔化阶段就可被除去。

致密的铀是钢灰色金属。对于铀来说，已知有 3 种结晶变体：斜方变体-α 型，低于 668 ℃时稳定；正方变体-β 型，在 660～760 ℃间稳定和 γ 型，高于此温度稳定，具有体心立方结构。在油淬火时，β 和 γ 变体变为 α 变体；其晶格参数是：$a=0.285\ 4$，$b=0.568\ 7$，$c=0.495\ 7$ 纳米。

金属铀可由金属热还原铀的氧化物或卤化物和电解还原熔融的铀卤化物制备。金属热还原铀的氧化物或卤化物，通常用钙或镁作还原剂。本实验用金属钙还原 UF_4 制备金属铀。反应方程式如下：

$$UF_4+2Ca=U+2CaF_2$$

在用金属钙还原时，放出的热量足以使金属铀和熔渣变为熔融状态，冷却后铀锭能很好地从熔渣中分出，这是此法比其他方法优越之处。

[主要仪器与试剂]

砌衬 CaF_2 的耐火钢坩埚，真空干燥器，分析天平，放射性物质 UF_4，金属钙，CaF_2，镁条，氩钢瓶。

[实验步骤]

将 UF_4 称样（20 g）细心地与 6 g 新制备的金属钙屑混合。在耐火钢坩埚底部放置 5 g CaF_2，然后放入反应混合物，用研棒将其捣实并于混合物的中心插入搓成的镁条。将装有混合物的坩埚放入真空干燥器，用水流泵抽去空气，然后以氩气充满干燥器。这样，在反应混合物的真空处都被惰性气体充满。将坩埚由干燥器快速移入通风橱并点燃镁条（用插在长玻璃管内的燃着的小木片点燃），冷却后从坩埚取出金属球并称其重量，测定铀的产率（%）。

用 X 光照像法研究所得金属铀的纯度，并对德拜图与 α-变体的文献数据做比较。

[思考题]

1. 为什么用金属钙还原四氟化铀时不需要提供外加热量？

实验二十二　纸上电泳法分离^{90}Sr和^{90}Y

［实验目的］

1. 了解纸上电泳法分离^{90}Sr和^{90}Y的原理及其影响因素。

2. 掌握纸上电泳法分离放射性核素的基本实验技术。

［实验原理］

纸上电泳法是以纸为支持体的电泳法。它是电泳法的一个重要分支。离子在电泳纸上的移动距离可以下式表示：

$$d = \frac{UtIL}{SKL'}$$

式中：d 为离子移动的距离；t 为时间；I 为电流强度；L 为滤纸的表面长度；L'为滤纸纤维网沟道的实际长度；S 为滤纸横截面面积；K 为电导率；U 为离子迁移率（即在单位时间内，单位电场强度下离子迁移的距离）。

如果有 A，B 两种离子。在相同条件下，它们的迁移率分别为 U_A 和 U_B，那么它们的移动距离为 d_A 和 d_B。因此：

$$\Delta d = d_A - d_B = (U_A - U_B)\frac{tIL}{SKL'}$$

从上式可见，U_A与U_B的差值越大，Δd 就越大，二者的分离就越好。但是，离子在电场中的迁移率与许多因素有关：

$$U = \frac{V}{X} = \frac{Q}{6\pi\eta r}$$

式中：V 为离子的移动速率；X 为电场强度；Q 为离子的电荷；r 为离子的半径；η 为溶液的黏度。在上述各因素中，电荷 Q 和半径 r 是离子的特征性质。利用不同离子的迁移率的差异就是电泳法分离金属离子的基本依据。

水溶液中离子的状态与溶液的组分密切相关，其中络合剂和 pH 值两个因素对离子状态的影响最大。当离子的迁移率彼此很接近时，常常可以通过加入各种络合剂或者改变溶液 pH 值的方法使它们生成络离子或不同程度的水解，以此来扩大离子间迁移率的差异，达到彼此分离的目的。

在乳酸溶液中；^{90}Sr 与^{90}Yb 能与乳酸根生成稳定性不同的络离子：

$$Sr^{2+} + Lact^- \rightleftharpoons SrLact^+ \qquad \beta_1 = 5.0$$

$$Y^{3+} + Lact^- \rightleftharpoons YLact^{2+} \qquad \beta_1 = 3.7\times10^2$$

$$YLact^{2+} + Lact^- \rightleftharpoons Y\ (Lact)^+ \qquad \beta_2 = 3.7\times10^4$$

其中，$Lact^-$代表乳酸根阴离子。研究证明，水溶液中金属离子的淌度（单位场强下离子迁移的速率）主要由该离子的水合离子半径（如为络离子，则指水合络离子半径）和电荷决定。因此，络合剂的加入，可以改变被分离离子的状态，从而增大它们在电泳纸上迁移速度的差异，达到有效分离的目的。本实验中通过控制乳酸溶液的浓度和溶液 pH 值达到^{90}Sr 和^{90}Y 的有效分离。

应该指出，除上述因素以外，电流强度，滤纸性质，通电时间和加样方法等条件对电泳分离效率亦有关。在实验时也应该仔细注意观察。

[实验仪器及试剂]

1. G-M 计数管，BH1-FH463B 智能定标器（北京中仪远大科技有限公司生产）。
2. 纸上电泳装置一套（见图 1）。
3. 新华 1 号层析纸或者脱曼层析纸条，320 mm×20 mm。
4. 秒表。
5. 0.1 mol/L 乳酸溶液、^{90}Sr-^{90}Y 放射性示踪液。

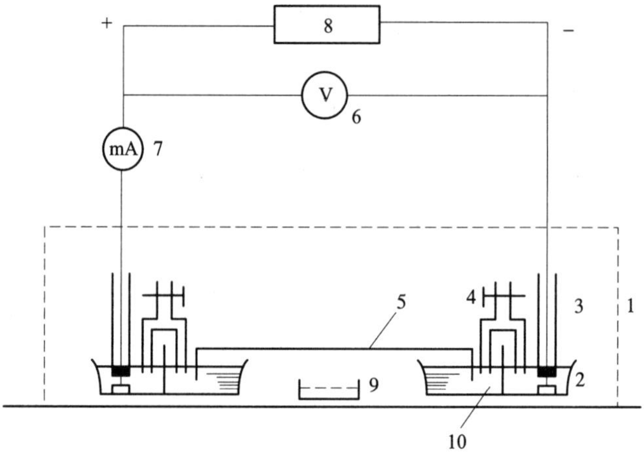

图 1　纸上电泳装置

1—玻璃电冰箱；2—电解槽；3—铂电极；4—虹吸管；5—色层滤纸；
6—电压表；7—电流表；8—高压直流电源；9—盛水玻璃器皿；10—电解液

[实验步骤]

(1) 按上图安装好电泳仪器装置，认真检查线路，应准确无误。

(2) 在电解槽中加入 0.1 mol/L 乳酸溶液。两个槽中的液面需保持平齐。

(3) 取色层纸 1 条，两端用铅笔轻轻标上正负极和加样位置（距正极位置 4 cm 处）的记号，然后往两极方向每隔 0.5 cm 编上号码。色层纸先用电解液润湿后，再用粗滤纸吸干。

(4) 移取合适量的^{90}Sr-^{90}Y 放射性示踪液于 5 mL 烧杯中，在红外灯下烘干。用少量蒸馏水加热浸取，再烘干。重复数次，直至浸出液呈中性，最后用 pH=1 的硝酸溶液浸出，待用。

(5) 制备一根很细的毛细管，用它移取上述处理好的^{90}Sr 和^{90}Y 放射性示踪液 1 小滴（约 5 μL），放射性活度约 2×10^4 cpm，垂直于加样点上。放射性溶液由于毛细管作用加到电泳纸上。加样斑点的直径不宜太大，一般控制在 3 mm 左右。

(6) 按图 1 所示，将电泳纸放入电解槽内，并立即通电 1.5 h，控制电压 700～800 V，电流 2 mA 左右。

(7) 电泳结束后，切断电源，取出电泳纸，于红外灯下烘干。在带有狭缝准直孔的 G—M 计数管测量装置中测量 β 放射性活度的分布情况。

(8) 将放射性高峰位置的电泳纸留下，用衰变法鉴定^{90}Sr与^{90}Y的分离情况。

(9) 实验结束时，将含有放射性的电泳纸回收到指定的放射性污物桶内。

[数据处理]

1. 将实验测得的放射性活度分布的数据列入表1。

表1　数据列表

离加样点距离 d/cm							
放射性活度 I/cpm							

根据表中所列的数据，绘制 I-d 放射性活度分布曲线，据此评价电泳法分离^{90}Sr和^{90}Y效果。

2. 用衰变法鉴定^{90}Y组分的放射性纯度。

[思考题]

1. 讨论纸上电泳法分离放射性核素的优缺点。

2. 若用0.1 mol/L NH_4Cl溶液代替0.1 mol/L乳酸溶液，试问用电泳法分离^{90}Sr-^{90}Y的可能性如何？

实验二十三　苯系物的分析（气相色谱法）

［实验目的］

1. 了解气相色谱仪（氢焰检测器 FID）的使用方法。

2. 掌握气相色谱定性定量原理。

［实验原理］

苯系物系指苯、甲苯、乙苯、苯乙烯组成的混合物。苯系物可用色谱法分离并进行分析。图 1 为苯系物的色谱图。

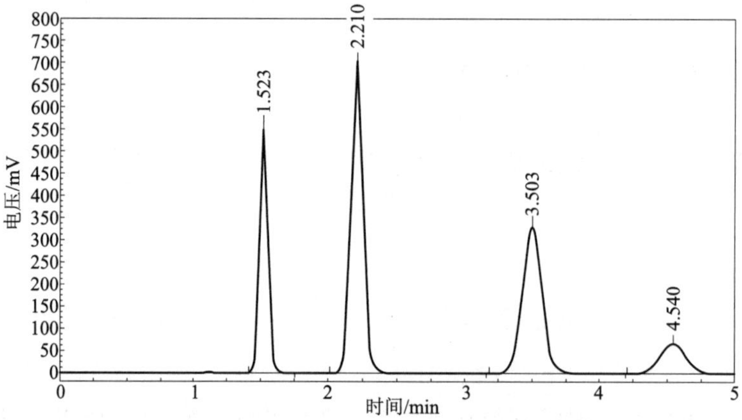

图 1　苯系物的色谱图

组分保留值是非常重要的色谱参数，保留值以时间表示如下：

死时间：t_M

某组分保留时间：t_R；

某组分调整保留时间：$t_R' = t_R - t_M$；

相对保留值：$r_{is} = t'_{r(i)} / t'_{r(s)}$（$i$ 为待测组分，s 为参比物质）；

分离度（R）表征两个相邻色谱峰的分离程度，其定义为：

$$R = (t_{R2} - t_{R1}) / ((W_1 + W_2)/2)$$（注：W 为峰宽）。

由于检测器对各个组分的灵敏度不同，计算试样某组分含量时应将色谱图上的峰值加以校正。

校正因子 $f = (A_s/m_s)/(A_i/m_i) = (A_s/A_i)/(m_s/m_i)$（$s$ 为参比物质，i 为待测组分，A 为峰面积，m 为质量）

［主要仪器和试剂］

1. 仪器：气相色谱仪。

2. 试剂：苯、甲苯、乙苯、苯乙烯。

[实验步骤]

(1) 保留值的测定

色谱仪操作条件如下：

色谱柱：长 1.5 m，内径 3 mm 的玻璃柱；SE30；

氢气压力：0.5 kg/cm^2；氮气压力：0.5 kg/cm^2；空气压力：0.5 kg/cm^2；

进样量：0.2 μL；

柱温：100 ℃；检测器温度：120 ℃；气化室温度：160 ℃；

操作：通载气，启动仪器，设定以上温度条件。待温度升至所需值时，打开氢气和空气，点燃 FID（点火时，氢气的流量可大些），缓缓调节氮气、氢气及空气的流量，至信噪比较佳时为止。待基线平稳后即可进样分析。分别注入苯、甲苯、乙苯、苯乙烯，得到色谱图并记下各物质的 t_R 值。再注入苯系物混合液，根据各组分峰的保留时间进行定性鉴别。

(2) 分离度 (*R*) 和校正因子 (*f*) 的测定

在色谱图上画出基线，量出各组分色谱峰的峰宽（*W*），按 *R* 的定义式计算相邻两个组分的分离度。

准确取甲苯、乙苯、苯乙烯，苯配成溶液。溶液中参比物质（苯）和待测组分（甲苯）的质量比（m_s/m_i）即为已知。在一定的色谱条件下，取此溶液进样，得色谱图，根据两物质的峰面积，求出甲苯的校正因子（*f*）。同样，亦可测定其他待测组分的校正因子。实验测定 *f* 值，必须使用色谱纯（或优级纯）试剂，并注明检测器类型和操作条件。

(3) 内标法定量测定

按照表 1 配制标准溶液，甲苯作为内标。将各标准溶液注入气相色谱仪，记录色谱图。将对照品与内标物峰面积的比值与对照品加入体积作线性回归，得线性方程。取待测样品进样，可求得待测样品中各组分的体积。

表 1　标准溶液的配制

组别	苯/mL	甲苯/mL	乙苯/mL	苯乙烯/mL
1	2	0.5	0.1	0.1
2	2	0.5	0.2	0.2
3	2	0.5	0.3	0.3
4	2	0.5	0.4	0.4
5	2	0.5	0.5	0.5
待测样品	2	0.5	0.25	0.25

[实验记录及结果计算]

1. 通过实验，完成表 2。

表 2 实验数据记录表

	空气	苯	甲苯	乙苯	苯乙烯
t_R					
t_R'					

计算相对保留值：$r_{甲苯,苯}$，$r_{乙苯,甲苯}$，$r_{乙苯,苯}$和$r_{苯,甲苯}$。

2. 计算甲苯和乙苯的分离度以及苯乙烯和甲苯的分离度，并将二者进行比较。

3. 通过苯和甲苯的色谱分析，计算甲苯的校正因子。

[思考题]

1. 使用 FID，开启时应注意些什么？实验结束，关闭 FID 时，应注意些什么？

2. 分离度（R）有何意义？

实验二十四　高效液相色谱法测定水中的苯酚含量

[实验目的]

1. 掌握高效液相色谱定性和定量分析的原理及方法。

2. 了解高效液相色谱的构造、原理及操作技术。

[实验原理]

高效液相色谱法是以液体作为流动相的色谱法。它是在经典液相色谱实验基础上引入气相色谱的理论，在技术上采用高压输液泵，高效固定相和高灵敏的检测器而发展起来的快速分离分析技术。具有分离效能高、检出限低、操作自动化和应用范围广的特点。

其基本原理：利用欲分配的诸组分在固定相和流动相间的分配有差异即具有不同的分配系数，当两相做相对运动时，这些组分在此两相中分配反复进行，即使组分的分配系数只有微小差异，随着液体流动相却可以有明显的差异，最后使这些组分都得到分离。通过检测器时，样品浓度被转换成电信号传送到记录仪。

苯酚是最简单的酚，为无色固体，有特殊气味，显酸性。苯酚是有机化工工业的基本原料，可通过多种途径对环境水体造成污染，对人类、鱼类以及农作物带来严重危害。根据国家环保部门有关规定，工作场所苯酚的最高允许质量浓度为 $5\times10^{-6}\mu g/L$，饮用水中为 2 μg/ L，地面水中为 0.1 mg/ L。苯酚的测量方法有多种，如溴化容量法、比色法、高效液相色谱法等。但前两种方法分析速度较慢、精度较低，高效液相色谱法是近年来发展起来的一种新技术，具有分析速度快、检测灵敏度高、操作简便、样品用量少等特点。

[主要的仪器和试剂]

(1) 设备及试剂

安捷伦高效液相色谱仪 1100，紫外检测器，C_{18}色谱柱。

苯酚（分析纯），甲醇（色谱纯），二次蒸馏水。

(2) 操作条件

色谱柱为C_{18}柱；流动相为甲醇/ 二次蒸馏水＝ 80 ∶ 20（体积分数）；检测波长为 270 nm；流速为 1.0 mL/ min；进样量为 20 μL。

[实验步骤]

(1) 标准曲线的制备

称取纯苯酚 600 mg 于 100.0 mL 容量瓶中，用适量甲醇溶解，用甲醇稀释至刻度。分别吸取该溶液（单位：mL）0.0、1.0、2.0、3.0、4.0、5.0 于 50 mL 的容量瓶中，用甲醇稀释至刻度。得到标准系列溶液。分别采用高效液相色谱-紫外法测定标准溶液，记录色谱峰面积，以浓度为横坐标、峰面积为纵坐标绘制标准曲线。

(2) 样品分析

将水样经过滤（0.45 μm 滤膜）处理后，测定其峰面积值，根据标准曲线进行定量。

[实验数据与处理]

(1) 标准曲线的绘制

将绘制数据填入表1。

表1 标准曲线的绘制数据表

苯酚体积，V/mL	0.0	1.0	2.0	3.0	4.0	5.0
苯酚浓度，C/（mg/mL）						
峰面积，A/（AU）						

(2) 样品分析数据（见表2）

表2 样品数据表

样品	水样1			水样2		
峰面积，A/（AU）	1	2	3	1	2	3
浓度，C/（mg/mL）						

[思考题]

1. 简述液相色谱法选择流动相的依据。

2. 试论影响分离的因素与提高柱效的途径。

实验二十五　矿样制备实验

[实验目的]

1. 掌握矿石样品制备常用设备的使用方法。

2. 掌握一般矿石样品制备的基本操作过程。

[实验原理]

根据铀矿石的基本特点，铀矿物一般是以 0.001～0.1 mm 的细浸染状分散于脉石中，并与脉石矿物以一定的结构形式密切结合在一起，即在铀矿石中，铀矿物是被脉石包裹、屏蔽起来的。把铀矿物从脉石中剥离、暴露出来是铀提取过程的第一步，而这一步骤是通过“破碎-磨矿”作业实现的。

为了满足矿样分析和工艺试验要求，必须从大量矿石中选取小部分矿样。取样的根本要求是所取样品要有代表性，为此，所取的矿样就必须根据要求进行破碎和缩分。矿样的取样量与矿石的特性、矿石粒度等因素有关，目前，取样量较多采用以下公式进行计算：

$$Q = k_e d^2$$

式中：Q 为最小取矿样重量，kg；d 为矿样最大颗粒的直径，mm；k_e 为取决于矿石性质的系数。

根据铀矿物在矿石中分布的均匀程度、铀矿物的大小及含量等因素，不同矿石组分的系数 K_e 取值范围为 0.1～1.0，参照表 1。

表 1　不同矿石组分的系数（K_e）值

各种组分在矿样中的分布	系数值 K_e
均匀	0.1～0.3
不均匀	0.4～0.6
极不均匀	0.7～1.0

堆锥四分法是现今最流行的人工缩分方法。它是把要缩分的矿石堆成锥体。堆放矿石时，务必使每一铲物料直接从锥顶落下，以便矿石在锥体表面上均匀分布。堆成锥体后，接着要把锥体扒平，如果是大锥堆，操作人员则需围绕着锥堆走动，用铲把矿石从锥堆的中央扒往四周。小堆时，需顺其径向插入平板，使平板转动，把锥堆扒平；或用平板从锥顶将锥堆压平。在扒平锥堆时，也必须注意使细矿砂和粗矿砂向径向方向均匀分布。锥堆扒平后，把砂盘分为 4 等分（即 90°角扇形），砂盘表面的等分中心必须与原来的锥体中心相吻合。将两个相对的等分弃去，将其余两等分合并作为缩分试样。矿样制备流程图如图 1 所示。

[主要仪器与试剂]

颚式破碎机（PE—250×400，PE—150×250）或双辊破碎机（250×400），密封式化验制样机（GJ—3 型），振筛器（Xsz—300），试验筛，磅称，铁铲，毛刷，扫把，塑料板，医用磁盘，药匙，样品袋。

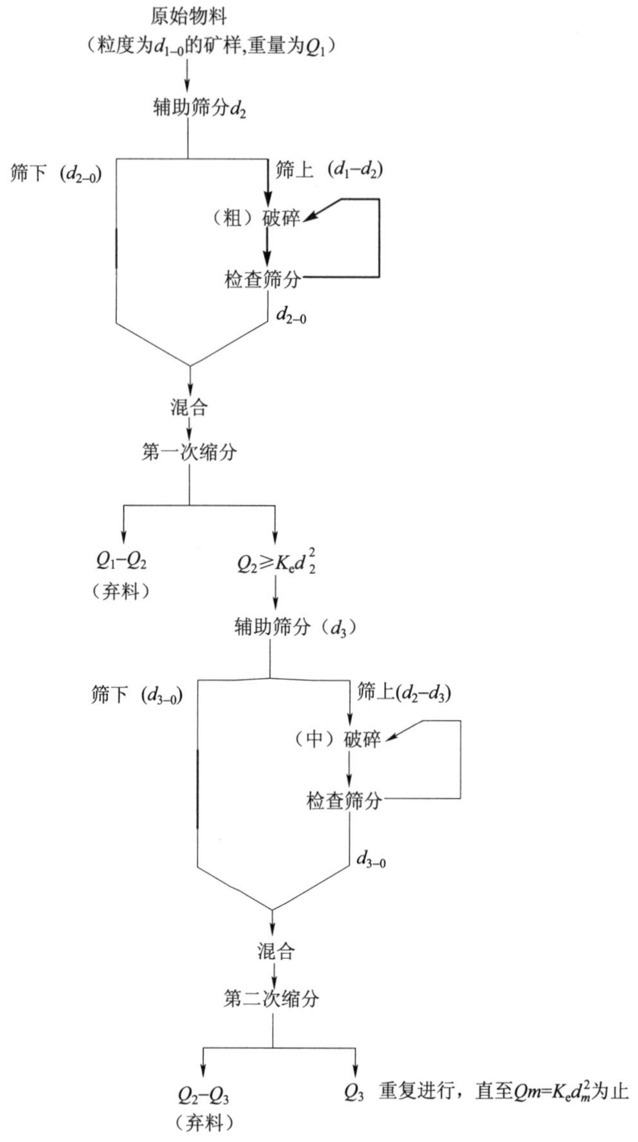

图 1 矿样制备流程图

［实验步骤］

(1) 第一段破碎、筛分及缩分

首先用磅秤将所需破碎的矿石称重，记录矿石重量，并记录下该矿石中最大块度的直径。然后将矿石通过颚式破碎机（PE—250×400）或双辊破碎机（250×400）进行第一段破碎；将经过破碎的矿石进行检查筛分，不能通过检查筛分的矿石返回第一段破碎；将所有通过检查筛分的矿石混合均匀，采用堆锥四分法进行缩分，直至矿样重量减少至与其最大块度直径相对应的重量为止。

(2) 第二段破碎、筛分及缩分

将经过第一段破碎、筛分及缩分得到的矿样通过颚式破碎机（PE—150×250）进行第二段破碎、筛分及缩分（过程同上）。

(3) 磨样

将经过第二段破碎、筛分及缩分得到的矿样分多次放入密封式化验制样机的盛样砵中（每个盛样砵所盛矿样为其空间体积的 1/2 至 2/3），然后用毛刷将残存于盛样砵上边沿上的矿样全部扫入盛样砵中，盖上盛样砵盖；将盛样砵置于密封式化验制样机中，然后用力旋紧盛样砵上方把手；盖上密封式化验制样机上盖；调节时间旋钮，定好磨样时间（一般为 3～5 min）；按下启动按钮，开始磨样。

(4) 样品采取

将所有磨好的粉状样品置于干净的塑料板上（或医用磁盘中），混合均匀，然后铺成薄层，采用规则舀取法采取 100 g 左右的样品放入试样袋中，作为试验分析样；余下部分作为搅拌浸出样。

［思考题］

1. 矿样筛分包括哪两种？其作用各是什么？

2. 理解为什么本实验中劳动保护非常重要，一定要穿工作服，戴工作帽，尤其要戴防尘口罩。实验结束后，最好能洗澡。

实验二十六　搅拌浸出实验

[实验目的]

1. 掌握搅拌浸出实验的基本操作过程。

2. 通过实验大概了解矿石的浸出性能和浸矿剂的消耗量。

[实验原理]

铀矿石的浸出主要有两种方法：酸法浸出和碱法浸出。前者适用于硅酸盐类铀矿石，常用的溶浸液为硫酸；后者适用于碳酸盐类铀矿石，常用的溶浸液为碳酸钠和碳酸氢纳的混合溶液。目前世界上多数铀水冶厂采用酸法浸出，少数采用碱法浸出，只有个别厂同时采用酸、碱两种浸出流程。与酸法浸出比较，碱法浸出具有选择性好，产品液较纯以及设备腐蚀性小等优点。碱法浸出的主要缺点是浸出速度较慢、浸出率低、投资高，特别是矿石中有四价铀存在时，需要提高浸出温度，强化氧化条件，甚至采用加压浸出才能得到满意的浸出率。在工业实践中，浸出方法的选择并不依赖两种浸出方法本身的优缺点，而主要取决于矿石的特性，特别是矿石中的碳酸盐含量。当矿石中氧化钙含量小于8%时，一般采用酸法浸出；氧化钙含量大于12%时，一般采用碱法浸出；氧化钙含量介于8%～12%之间的矿石，则视其他条件而定。如以酸耗量为标准，则可以每吨矿石平均酸耗90 kg为限，酸耗低于此值的矿石采用酸法浸出，否则采用碱法浸出。

为了了解矿石的浸出性能和浸矿剂的消耗量，通常需首先在实验室对矿石进行搅拌浸出试验。搅拌浸出实验的操作方法是：取一定量烘干、磨碎的矿石样品置于烧杯中，加入溶浸液，搅拌数小时。搅拌结束后，将矿浆过滤（固液分离），洗涤；将洗涤水与滤液合并（或分开），量取体积，取样分析有用组分浓度及余酸（或余碱）；滤渣烘干，制样，取样分析其中残余有用组分含量；最后计算液计浸出率和渣计浸出率及酸耗（或碱耗）。

$$\text{液计浸出率} = \frac{\text{浸出液中有用成分浓度} \times \text{浸出液体积}}{\text{矿石品位} \times \text{被浸矿石量}} \times 100\%$$

$$\text{渣计浸出率的计算公式：} P_t = \frac{c_1 - c_2}{c_1} \times 100\%$$

式中：P_t 为渣计浸出率；c_1为原矿铀品位；c_2为浸出渣铀品位。

$$\text{浸矿剂单耗量} = \frac{\text{浸矿剂消耗量}}{\text{被浸矿量}} (\mathrm{kg/t})$$

[主要仪器与试剂]

六联搅拌机（JJ—4），酸度计（pHS—3C），电热鼓风干燥箱（102—3），药物天平，旋片式真空泵（2XZ—4 型），布氏漏斗，滤纸，烧杯（500 mL），量筒（1 L），硫酸（A. R）。

[实验步骤]

（1）称取制备好的烘干矿样 100 g，置于 500 mL 烧杯中。

（2）量取配置好的溶浸液（硫酸溶液）300 mL，加入烧杯中。

（3）用搅拌机连续搅拌数小时。

（4）过滤，进行固液分离，滤渣用酸化水（pH≈2）洗涤3次（其中制浆洗涤两次，直接洗涤1次），洗涤水并入浸出液（或与浸出液分开），准确地量出其体积（或分别量出浸出液和洗涤水的体积），然后取样分析金属铀浓度和测定浸出液中剩余硫酸的浓度。

（5）将渣烘干磨细，进行铀含量分析。

（6）计算浸出率和浸矿剂的消耗量。

（7）酸化水的配置：取1～2 L的烧杯，装适量自来水，将酸度计电极置于水中，然后缓慢地往烧杯中滴加浓硫酸，同时不断搅拌，通过酸度计读数即可配得相应pH值的酸化水。

[思考题]

1. 对铀矿石采用酸法浸出或碱法浸出的依据是什么？

2. 在对浸出矿渣洗涤时，一般需采用酸化水（酸法浸出）或碱化水（碱法浸出），请问：在计算浸矿剂单耗量时，通常需要考虑酸化水或碱化水中的酸或碱的量吗？为什么？

实验二十七　柱浸实验

［实验目的］

1. 验证搅拌浸出实验所获得的有关数据。

2. 了解溶浸液通过矿石的渗透能力。

3. 研究矿石粒度对浸出率和浸出速度的影响。

4. 探索最佳浸出条件，如溶浸液配方、淋浸方式、浸出周期等。

［实验原理］

相对于搅拌浸出而言，堆浸属于静态浸出方式。

铀和其他有用组分的浸出或杂质成分的混入是基于毛细管现象和浓度梯度所引起的扩散和化学的共同作用的结果。其动力取决于溶浸液在矿石空隙和毛细裂缝内的运动动力学。从整体上来看，浸出速度受扩散速度严格控制；此外，矿石的浸出速度通常还与溶浸液浓度、温度、矿石粒度、溶浸液移动速度、浸出体系的氧化还原电位、反应物沉淀情况等有关。

柱浸实验的主要内容有：

1. 浸矿剂的选取

铀矿石堆浸常用的浸矿剂有 H_2SO_4，Na_2CO_3，$NaHCO_3$，$(NH_4)_2HCO_3$，NH_4HCO_3等，一般通过搅拌进出实验即可确定。

2. 矿石破碎粒度

除了风化、松散易碎、裂隙发育等易浸矿石可直接用爆破后的矿石进行浸出外，一般均应破碎到一定粒度方可得到较高的浸出率，破碎粒度是根据矿石的坚硬致密程度，有用组分分布的均匀度等因素，并通过实验确定的。

3. 溶浸液的浓度

堆浸一般采用低浓度溶浸液，这一方面可降低浸出液中的杂质浓度，另一方面可降低浸矿剂的消耗量。通常，浸矿初期使用较高浓度的溶浸液，中、后期采用低浓度的溶浸液。

4. 浸出时间

堆浸通常在常温下进行，浸出时间较长，长时间的浸出可得到较高的浸出率，浸出时间通常为一月到数月。

5. 淋浸方法

淋浸方法现今常用的方法有喷淋和滴淋。

6. 淋浸制度

可采用连续淋浸或间歇淋浸，根据浸矿机理，堆浸以间歇淋浸的效果较好。

7. 多堆串联浸出的配合

多堆串联浸出可以提高或稳定铀浸出液浓度，还可以利用余酸浸出，以减少液固比。

8. 矿堆高度

矿堆高度与浸出率有一定关系，一般选取 1 m 以上。

9. 矿堆透水性能

矿堆的透水性能可用 $L/(m^2 \cdot h)$；$t/(m^2 \cdot h)$ 以及 $m^3/(m^2 \cdot h)$ 表示。

柱浸实验是堆浸的实验室模拟，是决定堆浸法是否可行的关键。通过柱浸实验，可以了解溶浸液通过矿石的渗透能力；确定矿石的最佳浸出粒度；探索最佳浸出条件，如溶浸液配方、淋浸方式、浸出周期等。

[主要仪器与试剂]

柱浸装置（包括高位槽、有机玻璃柱、集液容器等），磅秤，酸度计，量筒，取样瓶等。

硫酸（A. R），氯酸钾（A. R）。

[实验步骤]

(1) 按缩分规则称取矿样，混合均匀后称重装入浸出柱中。

(2) 浸出前用清水润湿矿石，随后用溶浸液进行淋浸，并将浸出液接入集液容器内。

(3) 量取浸出液体积，并从浸出液中取样分析铀浓度、测量电位和 pH（对酸法浸出），分析浸出液中余酸的酸度（或余碱的碱度）等。

(4) 一般情况下，当浸出液中铀浓度达到 50 mg/L 左右时，可以认为浸出结束。

(5) 浸出结束后，用清水洗涤矿渣，然后从柱中倒出矿渣，按取样规定取出渣样，烘干，并进行破碎、粒级筛分、称重，分析渣中的铀和其他有关元素的含量。

[思考题]

1. 如果浸出液的铀浓度低，而余酸的酸度（余碱的碱度）高，此时一般对浸出液采取什么处理措施，这样做的好处是什么？

实验二十八　超临界 CO_2 萃取实验

［实验目的］

1. 掌握超临界 CO_2 萃取的基本流程及工作原理。

2. 了解萃取温度、萃取压力和萃取时间对萃取效率的影响。

3. 了解超临界萃取实验装置内部构造及操作方法。

［实验原理］

超临界流体萃取过程是建立在超临界流体在近临界点处温度或压力下的微小变化会引起流体的溶解能力有很大变化的基础上。超临界流体是指超过临界温度与临界压力状态的流体。如果某种气体处于临界温度之上，无论压力多高，也不能液化，仍然是气体，这时称此气体为超临界流体。目前，常用的超临界流体有二氧化碳、乙烯、乙烷、丙烯、丙烷、苯、氨和水等。其中，二氧化碳因具有无毒、不易燃、廉价易得、临界温度接近常温、溶解能力好等优点，受到普遍的重视，是最常用的超临界流体萃取剂。

超临界流体的密度与液体的密度比较接近，因而超临界流体具有类似液体对溶质的溶解能力，而且，随温度和压力的变化而连续变化，密度越大，其溶解能力也越大。此外，超临界流体的黏度与气体接近，扩散系数虽比气体小，但比液体大了 100 倍，因而超临界流体具有良好的传递性能，与一般的溶剂相比，在超临界流体中，可更快地进行传质，在更短的时间内达到平衡，从而高效地进行分离。CO_2 的临界温度为 31.06 ℃，临界压力为 7.39 MPa，临界密度为 0.448 $g \cdot cm^3$。

溶质在超临界流体中的溶解度大致随着超临界流体的密度的增大而增大。与普通的液体密度不同的是，超临界流体的密度会随压力和温度的改变而发生十分明显的变化。利用超临界流体的这一性质，可以在较高的压力下，使溶质溶解于超临界流体中，然后，使超临界流体的压力降低，或温度升高。这时，溶解于超临界流体中的溶质就会因超临界流体的密度下降，溶解度降低而析出，从而使混合物达到分离或提纯。

［主要仪器与试剂］

1. 试剂：八氧化三铀、硝酸。

2. 仪器：超临界 CO_2 萃取装置的流程图如图 1 所示。

该装置工艺流程为：将待萃取的物料加入到萃取罐中，并将萃取罐的盖子旋紧。CO_2 在钢瓶中经阀 V_1 及 V_2 以气体状态进入管道，然后流经冷阱 A 进行冷却，之后进去 CO_2 储罐 C，储罐外面有冷却夹套（冷却水温度一般为 4～8 ℃ ，CO_2 以液体形态存在于储罐中)，液态 CO_2 用高压计量泵 D 压入萃取罐 E 中。萃取罐外面有恒温夹套，夹套中循环水温度控制在 30～80 ℃，在此温度及一定的压力下，CO_2 成为超临界流体，对物料进行萃取，CO_2 以及萃取出来的物质从萃取罐出来以后，先后进入分离柱 S_1 和分离罐 S_2（此两套分离装置也可以单独使用，视不同物料而定）进行减压分离。其中分离柱压力一般控制在 7.0～12.0 MPa 之间，分离罐压力则为系统压力。析出的物质由分离柱及分离罐底部排出，而分离后的 CO_2 经阀 V_{14} 重新进入冷阱 A 循环使用。夹带剂的加入由另一计量泵 F

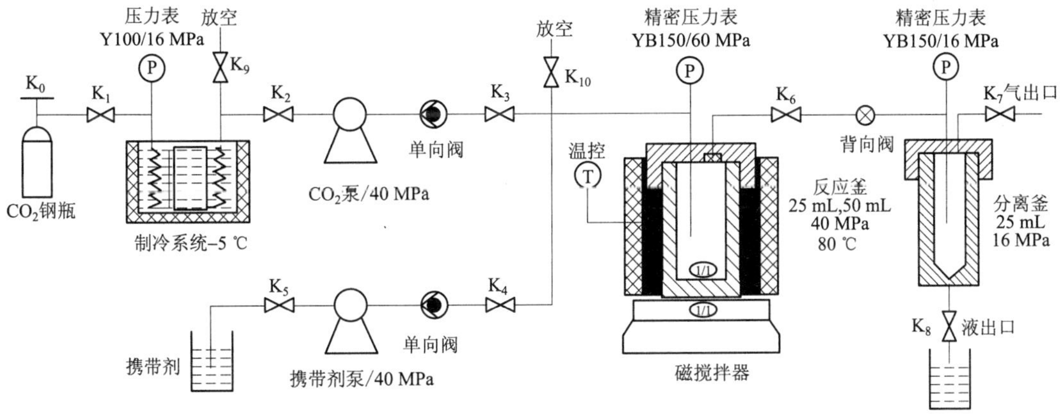

图 1　超临界 CO_2 萃取装置的流程图

压入，它可经阀 V_{15} 与高压 CO_2 直接混合，也可经阀 V_{16} 与 CO_2 先混合后再由泵 D 一起压入萃取罐。

[实验步骤]

超临界 CO_2 流体萃取铀实验装置操作程序：

(1) 在实验开始前确定萃取条件，实验范围为：

萃取温度：35～50 ℃；

萃取压力：15～28 MPa；

萃取时间：3～7 h；

分离温度：35～55 ℃；

分离压力：5.5～10 MPa；

CO_2 流量（用气比）：2.3～6.7 N·m^3/（kg 原料·h）。

(2) 打开实验装置电源开关，开启 CO_2 制冷系统和萃取装置面板上的电源。

(3) 打开 CO_2 钢瓶阀门 K_0、钢瓶与 CO_2 制冷系统相连接的阀门 K_1，在 CO_2 制冷系统的面板上设定对 CO_2 的冷却温度。

(4) 当 CO_2 的温度冷却至设定温度，开启 CO_2 制冷系统与高压泵相连的阀门 K_2，手动或电动退高压泵，将冷却后的 CO_2 转入高压泵内后，关闭 K_2。

(5) 开启萃取釜顶盖，将被萃取物（一定量的用不锈钢丝网包裹的 U_3O_8 粉末）放入萃取釜内，也可预先将共溶剂放入萃取釜底部。关闭萃取釜顶盖，并将其通过不锈钢管与高压泵及分离釜连接好。

(6) 检查整个管路的气密性。

(7) 开启高压泵与萃取釜相连的阀门 K_3，慢慢地将部分 CO_2 转入萃取釜内，开启萃取釜与分离釜相连的阀门 K_6，用 CO_2 流体将萃取釜内的空气赶出。

(8) 在萃取装置面板上设定萃取温度及压力。

(9) 静态萃取：关闭 K_6，开启 K_3，将 CO_2 流体通过高压泵注入萃取釜，当压力达到设定压力后，关闭 K_3 及高压泵，开始萃取。如预先没有将共溶剂放入萃取釜内，在注入 CO_2 流体时，应同时开启共溶剂注入管路上的 K_4、K_5 及共溶剂泵，将共溶剂注入萃取釜内，在关闭 K_3 的同时也关闭 K_4、K_5 及共溶剂泵。

（10）当萃取到预定时间后，打开 K_6，通过背压阀调节分离釜的压力，将萃取釜内的压力降至常压。

（11）拧开萃取釜与不锈钢管相连的螺帽，取出萃取釜。打开萃取釜顶盖，取出萃取残渣，清洗萃取釜，并分析铀的残余量。

（12）实验结束时，关闭 CO_2 钢瓶阀门 K_0、钢瓶与 CO_2 制冷系统相连接的阀门 K_1，断开整个萃取装置的电源。

（13）计算萃取率：

$$E = \frac{m_0 - m_t}{m_0} \times 100\%$$

式中：E 为铀萃取率，%；m_0 为加入铀的初始量，mg；m_t 为萃取后铀的剩余量，mg。

[注意事项]

1. 停机程序

对于连续做一种物料的情况：

1）停高压计量泵。

2）停冷水机组、冷水泵，关闭恒温浴槽开关及其他用电装置。

3）打开 V_8、V_{11}，待系统压力平衡后，关闭阀门 V_5、V_8、V_{11}、V_{14}、V_3。

4）打开排空阀 V_7，放掉萃取器内的二氧化碳。

5）关掉二氧化碳气瓶的阀门。

6）全部试验完毕后，用相应的溶剂清洗容器、管道和阀门。继续实验，重复上述实验程序。

对于不同物料的情况：

1）关高压计量泵、冷机、恒温浴槽等，关闭其他用电装置。

2）打开排空阀 V_4、V_7、V_{13}，将系统内的二氧化碳放掉。

3）关闭二氧化碳气瓶上的阀门，清洗容器、管路后继续实验，重复上述实验程序。

2. 系统空气的排除方法

每次放气入常压下的萃取罐、萃取柱、分离罐时，均需打开排空阀 V_7、V_{13} 一段时间，把容器内和管道内的残留空气排走。

3. 操作时关键安全点

1）每次开机前均需检查 3 台恒温浴槽水位，否则很容易烧坏电热丝。

2）高压计量泵入气前，注意拧紧填料压紧螺旋，否则很容易漏气。

3）冷冻机启动前，注意进、出水的管路阀门是否开启，否则很容易发生故障。

4）开高压计量泵前，注意检查 V_5 是否开启，若无开启，必会发生事故。

5）操作时，高压阀门的开启用力要均匀，开启时，把手柄拧到尽头后应回拧 45°左右，关时拧紧即可，否则会缩短阀门的使用寿命。

6）开启高压阀门时，应注意手柄压紧螺母是否有松动，若有应及时拧紧。

7）操作时，要经常检查管路、阀门、高压泵等有无漏气现象，一旦发现，应及时排除。

8）容器、管路、阀门、高压泵的拧紧工作必须在卸压的条件下进行，否则会出现安全事故。

9）停止使用较长一段时间后再开机，要注意检查冷水泵有否因结垢而运转不灵，若有应及时排除。

[数据处理]

将实验数据填入表 1。

表 1　实验数据记录表

萃取条件＼序号	1	2	3	4	5	6	7	8	9
萃取压力/MPa									
萃取温度/℃									
萃取时间/min									
原液铀浓度/（g/L）									
萃残液铀浓度/（g/L）									
萃取效率/%									

[思考题]

1. 什么是超临界萃取流体？超临界萃取流体萃取系统主要由哪几部分构成？

2. 超临界萃取流体萃取操作参数主要有哪些？试阐述温度和压力对萃取过程的影响？

3. 超临界萃取流体与气体、液体主要区别有哪些?

4. 超临界 CO_2有哪些特性? 超临界水又有哪些特性?

实验二十九　阳离子交换法分离^{141}Ce与^{147}Pm

［实验目的］

1. 了解离子交换法分离稀土元素的基本原理。

2. 掌握离子交换色层法的基本实验技术。

［实验原理］

稀土元素各成员之间的化学性质十分相似，用一般的化学分离法难以将它们彼此分离。但是用络合洗脱剂的离子交换色层法可有效地分离单个稀土元素，络合洗脱离子交换色层法分离稀土元素的基本原理可简述如下：

稀土元素的离子（M^{3+}）与铵型阳离子树脂发生下列的交换反应：

$$M^{3+}+3R\text{-}NH_4 \rightleftharpoons R_3M+3NH_4^+$$

此交换反应的平衡常数为：

$$K=\frac{[R_3M][NH_4^+]^3}{[M^{3+}][R\text{-}NH_4]^3}$$

分配系数 K_d：

$$K_d=\frac{[R_3M]}{[M^{3+}]}$$

因此，两个稀土元素离子 M_1^{3+} 与 M_2^{3+} 之间的分离系数为：

$$\alpha_1^2=\frac{K_{d2}}{K_{d1}}=\frac{[R_3M]_2[M^{3+}]_1}{[R_3M]_1[M^{3+}]_2}$$

通常，稀土元素之间与树脂的亲和力差别很小，它们的平均分离系数约为 1.06。为了扩大单个稀土元素与树脂亲和力的差异，选择某些络合剂作洗脱剂是一种有效的方法。稀土元素与络合剂可生成不同稳定性的络合物：

$$M^{3+}+A^{m-} \rightleftharpoons MA^{3-m}$$

式中：A^{m-} 为络合剂的阴离子。上式的络合物生成常数为：

$$K_{络合}=\frac{[MA^{3-m}]}{[M^{3+}][A^{m-}]}$$

当用络合剂来淋洗树脂时，发生了下列交换反应：

$$R_3M+3NH_4^++A^{m-} \rightleftharpoons 3R\text{-}NH_4+MA^{3-m}$$

此时，两个稀土元素的分配系数与分离系数分别为：

$$K_{d(络合)}=\frac{[R_3M]}{MA^{3-m}}$$

$$\alpha_{1(络合)}^2=\frac{[R_3M]_2[MA^{3-m}]_1}{[R_3M]_1[MA^{3-m}]_2}$$

比较上面 4 个式子，可看出：

$$\alpha_{1(络合)}^2 \approx \alpha_1^2\frac{K_{络合1}}{K_{络合2}}$$

由此可见，当用络合剂作洗脱剂时，稀土元素之间的分离系数正比于它们络合物稳定常数之比，因此，只要选择适当的络合剂，使得两个稀土元素的络合常数有足够大的差别，那么它们之间就有可能达到分离。常见的络合剂有羟基酸和氨羧络合剂两类：属于前者的有乳酸、α-羟基异丁酸、柠檬酸、酒石酸等；属于后者的有乙二胺四乙酸（EDTA）、羟乙基乙二胺三乙酸（HEDTA）、二乙撑三胺五乙酸（DTPA）等。以一元α-羟基酸为例，它与稀土元素的络合物稳定性次序从 La 到 Lu 逐渐增加，因此可以预料，用络合剂洗脱时，将从 Lu 到 La 逐个洗出、本实验用乳酸铵作络合洗脱剂，以离子交换色层法分离^{141}Ce与^{147}Pm。

应该指出，除了络合剂性质这一主要因素外，影响离子交换色层分离稀土的因素还有：金属离子的离子势、活度系数、树脂的性质、柱的直径与高度比、体系的温度及洗脱剂的浓度与 pH 等。

[主要试剂与仪器]

1. 732 号聚苯乙烯磺酸型阳离子交换树脂，交联度 8%，150～200 目（用水浮选法筛选）。
2. 乳酸铵 0.05、0.25、0.50 mol/L，用 $NH_3 \cdot H_2O$ 调节溶液的 pH 为 5.30±0.05。
3. ^{141}Ce、^{147}Pm 混合放射性示踪溶液，其活度约为 2×10^4 cpm/滴。
4. 玻璃离子交换 ϕ3 mm×160 mm。
5. 酸度计（$PHS_{29}A$）；G-M 计数管、FH408 自动定标器，NaI（Tl）γ 谱仪一套。
6. 自动接液用的部分收集器（若无此仪器则由学生自己徒手接液）。

[实验步骤]

(1) 树脂的预处理

将树脂在 80 ℃下烘 6 h，冷却后筛选 80～100 目组分进行预处理。树脂首先用蒸馏水和 95%乙醇分别浸泡 24 h，然后依次用 2 mol/L HCl 和 NaOH 各浸泡 2～3 h，最后用蒸馏水洗到近中性。把树脂转入大型玻璃柱中，连续用 1～2 mol/L HCl 溶液淋洗树脂，直到流出的 HCl 溶液浓度接近 2 mol/L HCl。此时树脂已转 H^+ 型。

转型后的树脂用二次蒸馏水洗至中性，然后从玻璃柱中排出，滤干，于 105 ℃下烘 6 h，冷却后置于干燥器中备用。

(2) 装柱

先在柱的底部填好一薄层高级玻璃毛。并在柱中注满水，（注意柱的活塞下端不得有空隙气泡）。用玻璃滴管将预先用 NH_4Cl 溶液溶胀好的树脂湿法装入柱内；控制树脂柱的高度为 150 mm 左右。树脂床应装得均匀、无气泡。

(3) 洗柱

排放树脂床顶部的水溶液，直至液面与树脂床平齐，用 1～2 个床体积的 0.05 mol/L 乳酸铵溶液洗涤树脂床，流速约为 1 滴/min（30 滴≈1 mL）。

(4) 吸附

洗涤后，小心将洗涤液排放至液面与树脂床平齐，加入 1 滴适当活度的^{141}Ce和^{147}Pm的混合放射性示踪液。然后用 0.5 mL 0.05 mol/L 乳酸铵溶液洗涤交换柱柱壁，放射性溶液及洗涤液以 1 滴/2 min 的流速通过树脂床进行吸附，流出液收集于小烧杯中。

(5) ^{147}Pm 洗脱

待放射性溶液和洗涤液流至液面接近树脂床顶部时，立即加入 0.25 mol/L、乳酸铵溶液洗脱^{147}Pm，洗脱速度同上。洗出液收集于小烧杯中，前 30 滴（约 1 mL）可不取样。此后依次取样于预先已经编号的测量盘中，每个样品取液 3 滴（或用部分收集器进行自动换样），当取到第 25 个样品时，检测一下它的放射性活度，直至流出液放射性活度接近本底后，停止洗脱。

(6) ^{141}Ce 洗脱

^{147}Pm 洗脱后，改用 0.5 mol/L 乳酸铵洗脱^{141}Ce，洗脱的流速同上，流出液的收集与取样方法与上述相同。直至洗脱液的放射性活度接近本底。

(7) 放射性活度测量

将收集的洗出液样品置于红外灯下烘干，然后用 G-M 计数管测定 β 放射性活度，并按表 1 形式记录数据。

表 1　^{141}Ce 和^{147}Pm 洗脱曲线测定

洗脱顺序 / 样品序号	0.25 mol/L 乳酸铵			
	累计洗脱体积/滴	放射性计数率 I	本底计数率 I_b	净放射性计数率 I_n
洗脱顺序 / 样品序号	0.5 mol/L 乳酸铵			
	累计洗脱体积/滴	放射性计数率 I	本底计数率 I_b	净放射性计数率 I_n

(8) 纯度鉴定

留取两个洗脱部分放射性最强的样品各一个。分别用铝片吸收法和 γ 谱法测定^{147}Pm 的 $E_{\beta最大}$ 和^{141}Ce 的 E_γ 特征能量。

(9) 实验结束工作

排出柱中的树脂，放射性废液收集于指定的容器中，所用测量盘用 1%EDTA 溶液及稀 HNO_3 浸泡后，洗净备用。

[实验结果与数据处理]

1. 绘制^{147}Pm 和^{141}Ce 的洗脱曲线。
2. 将^{147}Pm 和^{141}Ce 的鉴定结果与文献值进行比较。

[思考题]

1. 试讨论影响 ^{147}Pm 和 ^{141}Ce 分离的各种因素。

2. 查阅 α-羟基异丁酸与各个稀土元素的络合稳定常数，然后，据此设计 1 个 α-羟基异丁酸络合剂洗脱法分离 La-Pr-Sm 的方案。

参考文献

[1] （德）C. 克赖尔著．朱永赡，等译．放射化学基础．北京：原子能出版社，1993.

[2] （苏）$А_Н$. H. 涅斯米杨诺夫，主编．黄昌泰，等译．放射化学实验教程．北京：原子能出版社，1989.

[3] C. 克勒尔．放射化学基础（第一版）. 北京：原子能出版社，1993.

[4] DEAN JR. Methods for environmental trace analysis. Chichester UK：Willey，2003.

[5] FIRESTON RB，SHIRLEY VS. Table of Isotopes：Version 1.0．USA：LBNL，1996.

[6] Gregory Choppin，Jan-Olov Liljenzin，Jan Rydberg. Radiochemistry and Nuclear Chemistry. Third Edition. Published by Butterwort-Heinemann，2002.

[7] J. Korhisch，等. 国外放射性地质. 北京：原子能出版社，1975.

[8] J. M. 米勒，著. 叶明吕，等译．化学分析中的分离方法. 上海：上海科学技术出版社，1981.

[9] ТОЛМАЧЕВ. ЮМ. Радиохимический анализ продуктов деления. М-Л：Изд АН СССР 1960.

[10] 陈敏恒，丛德滋，方图南，齐鸣斋．化工原理（上、下册). 北京：化学工业出版社，2006.

[11] 陈同芸，瞿谷仁，吴乃登．化工原理实验．上海：华东理工大学出版社，1999.

[12] 杜长海，等．化工原理实验．武汉：华中科技大学出版社，2010.

[13] 放射化学实验．衡阳工学院技术物理系.1987.

[14] 放射化学实验．衡阳工学院技术物理系.1993.

[15] 复旦大学，清华大学，北京大学．原子核物理实验方法．北京：原子能出版社，1996.

[16] 高玉堂．环境监测常用统计方法．北京：原子能出版社，1980.

[17] 韩奎初，丁声耀．实用电离辐射计量学．北京：原子能出版社，1996.

[18] 汲长松．核辐射探测器及其实验技术手册．北京：原子能出版社，1990.

[19] 姜圣阶，任凤仪，等．核燃料后处理工学．北京：原子能出版社，1995.

[20] 蒋明．原子核物理导论．北京：原子能出版社，1983.

[21] 李德平，潘自强编．辐射防护手册（第二分册). 北京：原子能出版社，1988.

[22] 刘光永．化工开发实验技术．天津：天津大学出版社，1994.

[23] 刘书田，夏益华．环境污染监测实用手册（第一版). 北京：原子能出版社，1997.

[24] 刘元方，江林根．放射化学（第一版). 北京：科学出版社，2010.

[25] 刘元方，等．放射化学．北京：北京大学出版社，2006.

[26] 卢希庭，江栋兴，叶沿林．原子核物理．(修订版). 北京：原子能出版社，2000.

[27] 罗文宗，陈连仲，等．放射化学分析．北京：科学出版社，1988.

[28] 马崇智．放射性同位素应用手册．北京：科学出版社，1979.

[29] 孟绍兴，主编．放射化学实验方法与技术．北京：北京师范大学出版社，2001.

[30] 孟昭兴，孙兆祥，唐志刚．放射化学实验方法与技术（第一版). 北京：北京师范大学出版社，1998.

[31] 群力．放射化学实验指导．北京：人民教育出版社，1961.

[32] 任时仁，著．生物学中的放射性核技术．北京：北京大学出版社，1997.

[33] 史贤林，田恒水，张平．化工原理实验．上海：华东理工大学出版社，2005.

[34] 泰启宗，等．化学分离法．北京：原子能出版社，1985.

[35] 汪德熙，王方定，等译．核化学工程．北京：原子能出版社，1988.

[36] 王里玉．多用途 γ-射线谱分析软件：WinSPAN-2004. 用户手册，2004.

[37] 夏清，陈常贵．化工原理（上、下册）．天津：天津大学出版社，2010.
[38] 杨振国．矿石岩石中的铀．钍化学分析．北京：原子能出版社，1980.
[39] 叶明吕，主编．放射化学实验．北京：原子能出版社，1991.
[40] 叶明吕，主编．放射化学实验．北京：原子能出版社，1991.
[41] 铀矿冶分析基础知识编写组．铀矿冶分析基础知识（第一版）．北京：原子能出版社，1980.
[42] 张金利，张建伟，等．化工原理实验．天津：天津大学出版社，2005.
[43] 张丕禄，唐培家．裂变化学．北京：原子能出版社，1996.
[44] 郑成法，毛家骏，秦启宗．核化学与核技术应用．北京：原子能出版社，1990.
[45] 中国科学院原子能研究所．同位素应用实验方法讲义．北京：科学出版社，1960.
[46] 中国科学院原子能研究所．辐射防护监测技术汇编．北京：原子能出版社，1978.
[47] 周贤玉．核燃料后处理工程．哈尔滨：哈尔滨工程大学出版社，2009.
[48] 祝霖．放射化学（第一版）．北京：原子能出版社，1985.